Saifullahi Umar
Zilkifilu Abdu

Situação de pobreza dos pequenos agricultores rurais que cultivam gergelim no Estado de Jigawa

Saifullahi Umar
Zilkifilu Abdu

Situação de pobreza dos pequenos agricultores rurais que cultivam gergelim no Estado de Jigawa

ScienciaScripts

Imprint
Any brand names and product names mentioned in this book are subject to trademark, brand or patent protection and are trademarks or registered trademarks of their respective holders. The use of brand names, product names, common names, trade names, product descriptions etc. even without a particular marking in this work is in no way to be construed to mean that such names may be regarded as unrestricted in respect of trademark and brand protection legislation and could thus be used by anyone.

Cover image: www.ingimage.com

This book is a translation from the original published under ISBN 978-3-659-81194-4.

Publisher:
Sciencia Scripts
is a trademark of
Dodo Books Indian Ocean Ltd. and OmniScriptum S.R.L publishing group

120 High Road, East Finchley, London, N2 9ED, United Kingdom
Str. Armeneasca 28/1, office 1, Chisinau MD-2012, Republic of Moldova, Europe
Printed at: see last page
ISBN: 978-620-8-13703-8

ÍNDICE

AGRADECIMENTOS

Todo o louvor e gratidão são devidos a Alá, o Senhor do Universo. Que a paz e as bênçãos estejam com o nosso exaltado Profeta, o mensageiro de Alá, Muhammad Sallalahu Alaihi Wasallam, os seus companheiros e os membros da sua família. Os meus sinceros agradecimentos ao meu supervisor, Dr. Zilkifilu Abdu, que dedicou o seu tempo a analisar o trabalho e a fazer as sugestões necessárias para a sua conclusão. Que Alá o recompense abundantemente e a toda a sua família.

A minha gratidão vai também para o meu examinador interno, Dr. M.M. Ahmad, pela sua orientação. Que Alá o recompense abundantemente.

Os meus sinceros agradecimentos aos meus pais e à minha família direta, especialmente ao meu pai, Alh. Umaru Adamu Jibrin pelo seu contributo inestimável para o êxito deste trabalho de investigação; nenhuma palavra é suficientemente forte para lhe transmitir o meu apreço. Que Alá lhe conceda boa saúde e felicidade durante toda a sua vida e o admita em al-jannah na outra vida.

Estou igualmente grato à minha querida mãe Bilkisu Yahuza, bem como à minha mulher Zainab Aliyu Galadima, pelas constantes orações, apoio e cooperação.

A minha sincera gratidão vai também para o Prof. Aminu Suleiman e o Dr. Aliyu Abdullahi pelos seus esforços e contribuição para a conclusão bem sucedida da investigação.

Dra. Amina Mustapha, o seu papel de mãe para a conclusão bem sucedida deste trabalho nunca será esquecido, que Alá a recompense abundantemente. Gostaria também de agradecer a boa vontade dos meus irmãos, nomeadamente Habib Umar, Ibrahim Umar, Aliyu Umar, Abubakar, Rayyanu, Saratu, Aisha e Ummi Umar. Que, de várias formas, apoiaram o esforço para concluir este trabalho.

De igual modo, agradeço o apoio e o encorajamento dos meus tios Ahmed Rufa'I e da sua mulher Hauwa Ahmed, Usman, Abdullahi, Abdulkarim e Abubakar.

Por último, gostaria também de manifestar o meu apreço a todos os meus colegas de curso, em especial a Nafisat Nasir, Musa Ado Faskari, Stella Thomas, Murtala Nasir Sa'ad, Mujiba Kabir, Shafa'atu Bello Habib, Mohammed El-Hafiz, Farouk Hamza, Muftahu Umar, Akeem Agbaje , Aisha Maiwada , Balarabe Kibiya e Mohammed Bello.

DEDICAÇÃO

Este trabalho de investigação é dedicado ao meu falecido avô, Alh. Yahuza Abdullahi Chediya. Que a sua alma gentil descanse em paz.

RESUMO

A pobreza é um fenómeno generalizado. Este estudo examinou a situação de pobreza dos pequenos agricultores rurais que cultivam sésamo no Estado de Jigawa. Foi utilizada a técnica de amostragem em várias fases para selecionar 172 inquiridos para o estudo. A estatística descritiva, as medidas *P-alfa* da pobreza e o modelo de regressão Logit foram utilizados como instrumentos de análise dos dados. Os dados primários foram recolhidos junto dos inquiridos através de questionários estruturados. Os resultados deste trabalho revelaram que 33,1% dos pequenos agricultores de sésamo têm entre 31 e 40 anos, com uma média de 38 anos. Todos os pequenos agricultores de sésamo da zona de estudo eram do sexo masculino e 86% deles eram casados. A formação académica dos pequenos produtores de sésamo revela que 31,4% tinham o ensino secundário. Os resultados relativos à dimensão do agregado familiar revelaram que 36% dos pequenos agricultores de gergelim tinham entre 5 a 10 pessoas, com uma média de 7. A situação de pobreza por todas as idades mostra que 52,3% dos pequenos agricultores de gergelim se encontravam abaixo do limiar de pobreza, com valores de P1 e P2 de 0,162 e 0,026, respetivamente. A incidência da pobreza foi muito elevada (100%) para os pequenos produtores de sésamo com educação não formal. As estimativas de regressão mostram que a idade, a dimensão do agregado familiar e o acesso aos serviços de extensão são estatisticamente significativos a um nível de significância de 5%. O rendimento agrícola anual total e o acesso ao ensino formal foram significativos a 1%. O resultado das estratégias de combate à pobreza adoptadas mostra que 25% dos pequenos agricultores de sésamo estavam envolvidos em trabalho assalariado. Os problemas mais importantes mencionados pelos pequenos produtores de sésamo foram o preço elevado dos factores de produção, o acesso limitado à informação sobre o mercado/mercado deficiente e a seca/insuficiência de chuvas. O estudo conclui, portanto, que a situação de pobreza é baixa em comparação com os resultados do Gabinete Nacional de Estatística sobre a situação de pobreza na área de estudo. Por conseguinte, recomenda-se que os esforços de redução da pobreza entre os pequenos agricultores rurais de gergelim sejam direcionados para a redução do custo dos insumos de produção, para um melhor acesso ao mercado, para medidas de mitigação das alterações climáticas e para um melhor acesso à educação.

CAPÍTULO 1

INTRODUÇÃO

1.1 ANTECEDENTES DO ESTUDO

O sésamo é atualmente a principal semente oleaginosa de exportação do país e é cultivado principalmente por pequenos agricultores. Diferentes relatórios indicam que existe um enorme potencial para o cultivo de sementes de sésamo no país e que existe uma grande procura no mercado internacional (Inc, 2002). Consequentemente, como uma cultura de pequenos agricultores com potencial de exportação, é uma oportunidade para os pequenos agricultores rurais produzirem sésamo e transformarem o potencial disponível numa melhoria dos meios de subsistência. No entanto, apesar deste enorme potencial económico no país, as provas empíricas em todo o país indicam que os pequenos agricultores rurais de sésamo permanecem na pobreza em muitos locais do país.

A pobreza é um fenómeno global que ameaça a sobrevivência da humanidade. É transversal ao credo, à raça e ao espaço. A pobreza é um fenómeno de natureza multifacetada, com dimensões físicas, económicas, sociais e psicológicas (Narayan e Chambers, 2000). Este facto levou as Nações Unidas a declarar 1996 como o "Ano Internacional para a Erradicação da Pobreza" e o dia 17 de outubro de cada ano como o "Dia Internacional para a Erradicação da Pobreza" em todo o mundo. Do mesmo modo, a década de 1997-2006 foi declarada a Década das Nações Unidas para a Erradicação da Pobreza (Usman, 2001). A redução da pobreza é agora reconhecida como o principal objetivo do desenvolvimento internacional; por exemplo, a declaração do milénio das Nações Unidas, assinada por 189 países, compromete a comunidade mundial a reduzir para metade a proporção de pobres e de pessoas com fome no mundo até 2015 (IFPRI, 2001). Análises anteriores seguem a visão convencional da pobreza como insuficiência no acesso a bens e serviços básicos (Sen, 1983; Blackwood e Lynch, 1994; Olayemi, 1995; Ravallion, 2004). Outros consideram a pobreza, em parte, como uma função da educação, saúde, esperança de vida, mortalidade infantil, habitação, saneamento, abastecimento de água potável e nutrição adequada (Obadan, 1997; Englana e Bamidele, 1997). De um modo geral, os pobres são descritos como aqueles que não conseguem satisfazer as suas necessidades básicas de alimentação, vestuário e abrigo, que não conseguem cumprir as suas obrigações sociais e económicas, que não têm emprego remunerado, que estão privados do acesso a instalações básicas e ao bem-estar humano e que não conseguem atingir um nível de vida mínimo (Aigbokhan, 2000; Banco Mundial, 2001). Na maioria dos países em desenvolvimento, os pobres encontram-se entre cinco grupos económicos identificáveis - os subdesenvolvidos urbanos, os sem-terra rurais, os agricultores pobres em recursos, os subempregados urbanos e os desempregados (Banco Mundial, 1997). De um modo geral, os pobres estão desproporcionadamente localizados nas zonas rurais e nos bairros de lata urbanos. A pobreza tem como consequência a desilusão social em relação aos objectivos da sociedade e às responsabilidades dos membros na realização desses objectivos. Uma sociedade em que a maioria gasta 90% do seu rendimento no consumo, com pouco ou nada para poupar e, eventualmente, para investir na economia, seria impedida por um crescimento lento. Isto significa que o grupo afetado não seria capaz de participar efetivamente no desenvolvimento nacional.

Neste sentido, a pobreza resultaria num ciclo vicioso que se reproduziria perpetuamente. O relatório do Banco Mundial (1996) indicava que as zonas rurais da Nigéria representavam 66% da incidência da pobreza, 72% da pobreza profunda e 69% da pobreza extrema. Esta parte da população depende da agricultura para viver. Outros estudos (Okunmadewa, 1997 e FOS, 1999) revelaram que a maioria da população rural é constituída por agricultores, dos quais os pequenos agricultores são um subconjunto. Thorpe *et. al,* (2004) observou que o subsector alberga um quociente relativo de pobres acima da média.

Abdullah (2009) referiu que um projeto-piloto destinado a aumentar a produção e a utilização de sésamo para fins de capacitação económica nos Estados do norte da Nigéria, empreendido conjuntamente pela Associação Nacional de Sementes de Sésamo da Nigéria e pelo First Bank of Nigeria em 2007, mostrou que os agricultores podem obter grandes benefícios se se dedicarem à produção de sésamo.A Autoridade para o Desenvolvimento Agrícola e Rural do Estado de Jigawa (JARDA, 2005) observou que o rendimento nos campos dos agricultores era muito baixo, mas foi registado um aumento significativo do rendimento entre 300-500 kg/ha após a introdução de variedades de elevado rendimento, como a Yandev-55 e a E-8. No entanto, apesar do potencial de exportação, da utilidade e do valor comercial do sésamo, a sua produção ao longo dos anos tem sido muito baixa. Este facto pode ser atribuído a uma gestão inadequada da informação, à falta de sensibilização para as práticas culturais e ao fraco desenvolvimento da base de dados.

1.2 DECLARAÇÃO DO PROBLEMA

O Estado de Jigawa tem uma população de 4,3 milhões de pessoas, sendo que 90% da população se dedica predominantemente à agricultura de subsistência; a agricultura tem sido o principal meio de subsistência para mais de 90% da população (NPC, 2006)

As principais culturas no Estado de Jigawa são as da estação das chuvas e as da estação seca. As culturas de sequeiro incluem o painço, o sorgo, o feijão-frade, o amendoim, o sésamo, o arroz, o milho, a batata-doce, a noz de Bambara, a melancia, a mandioca, o algodão, o quiabo, a rosela e a melancia.

A pobreza é o principal desafio à melhoria da produtividade agrícola no Estado de Jigawa, uma vez que limita as capacidades dos agricultores para aceder e aplicar insumos agrícolas em práticas de grande escala. O trabalho árduo na exploração agrícola, com uma forte dependência de alfaias agrícolas e métodos de produção tradicionais, continua a ser uma das principais caraterísticas do sector agrícola no Estado (JSMOA, 2013).

De acordo com a Avaliação da Pobreza Nigeriana de 2007, efectuada pelo Gabinete Nacional de Estatística, a incidência da pobreza no Estado de Jigawa era de 90,9%, a mais elevada do país. O inquérito situa a gravidade da pobreza no Estado em 24,6%. Em 2001, o Estado de Jigawa foi classificado entre os que registam uma gravidade e uma incidência de pobreza relativamente elevadas no país. O Estado tinha a taxa de pobreza mais elevada (95%) e a incidência mais elevada de pobreza. Em 2010, a taxa de pobreza no Estado desceu para 77,7% (NBS, 2010) e 74,1% em 2012, mas este valor é também muito preocupante.

Os grupos mais pobres dependem de uma vida de subsistência, mas muitas vezes têm falta de alimentos, nomeadamente durante o período pré-colheita. A produtividade da população rural é também prejudicada pela fraca fertilidade dos solos, pelo elevado custo dos factores de produção, por pragas e doenças, por condições meteorológicas desfavoráveis, por mercados deficientes e por condições económicas muito duras. Os pequenos agricultores desempenham um papel fundamental na produção, transformação e comercialização das culturas alimentares. No entanto, as famílias de pequenos agricultores rurais são frequentemente os membros mais cronicamente pobres das comunidades rurais.

O sésamo é uma importante cultura de sementes oleaginosas no mercado internacional, selecionada juntamente com cinco outras culturas para ser exportada para a América do Norte e o Japão através da USAID (USAID, 2004). Apesar das potencialidades de exportação, da utilidade e do valor comercial do sésamo, a sua produção tem sido baixa ao longo dos anos (Kudi, 2005). Este facto pode ser atribuído a uma informação inadequada, à sensibilização dos agricultores rurais para várias práticas culturais, à falta de um sistema de comercialização bom e organizado e à falta de facilidades de crédito realistas para os agricultores rurais, o que tem provocado um nível muito baixo de produção de sésamo. Estes factores conduzem a uma baixa produtividade e a um baixo rendimento dos produtores rurais de sésamo, o que conduz a uma situação de pobreza. A pobreza é um círculo vicioso, sendo simultaneamente a principal causa e o efeito de uma situação em que parece não existirem oportunidades para os pobres se ajudarem a si próprios.

As infra-estruturas rurais em Jigawa e na Nigéria há muito que são negligenciadas. Os investimentos nos sectores da saúde, da educação e do abastecimento de água têm-se concentrado sobretudo nas cidades. Consequentemente, a população rural tem um acesso extremamente limitado a serviços como escolas e centros de saúde, e cerca de metade da população tem acesso limitado a água potável. A negligência das infra-estruturas rurais afecta a rentabilidade da produção agrícola. A falta de estradas rurais dificulta a comercialização dos produtos agrícolas, impede os agricultores de venderem os seus produtos a preços razoáveis e provoca a sua deterioração. A acessibilidade limitada afasta os pequenos agricultores das fontes de insumos, equipamentos e novas tecnologias, o que mantém os rendimentos baixos (FIDA, 2012).

medida que a população do Estado de Jigawa aumenta e exerce pressão sobre os escassos recursos, a escalada dos problemas ambientais ameaça ainda mais a produção alimentar. A degradação dos solos em resultado da agricultura extensiva, da desflorestação e do sobrepastoreio já é grave em muitas partes do Estado. A invasão do deserto tornou-se comum na parte nordeste do Estado, e a erosão causada por chuvas fortes e inundações é um problema grave na parte sul do Estado (FIDA, 2012).

Por conseguinte, este estudo foi concebido para responder às seguintes questões de investigação:

i) Quais são as caraterísticas socioeconómicas dos pequenos produtores rurais de sésamo no Estado de Jigawa?

ii) Qual é o estatuto de pobreza dos inquiridos na área de estudo?

iii) Quais são os factores determinantes da pobreza entre os inquiridos na área de estudo?

iv) Quais são as estratégias de sobrevivência à pobreza dos pequenos agricultores na área de estudo? e,

v) Quais são os desafios enfrentados pelos pequenos agricultores de gergelim na área de estudo?

1.3 OBJECTIVOS DO ESTUDO

O objetivo geral deste estudo é avaliar a situação de pobreza dos pequenos produtores de sésamo no Estado de Jigawa, na Nigéria. No entanto, os objectivos específicos foram os seguintes

i) descrever as caraterísticas socioeconómicas dos pequenos produtores de sésamo no Estado de Jigawa, na Nigéria,

ii) determinar o estatuto de pobreza na zona de estudo ,

iii)analisar os factores determinantes da situação de pobreza entre os pequenos agricultores rurais que cultivam sésamo,

iv)descrever as estratégias de combate à pobreza dos pequenos agricultores rurais de gergelim na área de estudo, e;

v) descrever os desafios enfrentados pelos pequenos produtores de sésamo.

1.4 JUSTIFICAÇÃO DO ESTUDO

A pobreza é um desafio intratável para a maioria dos países africanos. Não só está a alastrar rapidamente, como também está a tornar-se grave em muitos locais. Em resposta, os governos e os parceiros de desenvolvimento renovaram os seus interesses e voltaram a empenhar-se na redução da pobreza (Odhiambo *et.al, 2005).*

Há uma série de coisas que simbolizam este compromisso. A maioria dos países, com o apoio dos parceiros de desenvolvimento, formulou documentos de estratégia de redução da pobreza (DERP) e embarcou em programas de longo alcance para o crescimento económico e a redução da pobreza, como parte de um processo global. Alguns destes países também se comprometeram a realizar os Objectivos de Desenvolvimento do Milénio (ODM), o primeiro dos quais exige uma redução substancial da pobreza. Embora as experiências variem de país para país, não há dúvida de que a maioria dos países africanos está a enfrentar a pobreza de frente.

O êxito da redução da pobreza na maioria dos países em desenvolvimento dependerá, contudo, da disponibilidade de informação fiável, exacta e atempada sobre a natureza e as causas da pobreza. Os decisores políticos e os parceiros de desenvolvimento necessitam de informações sobre os pobres, nomeadamente sobre a dimensão e a localização da sua população. As questões relativas à gravidade e às dimensões da pobreza estão também a ser objeto de uma atenção crescente, e há também um desejo crescente de compreender as causas da pobreza como um passo na formulação de estratégias para ajudar as pessoas a sair da pobreza ou para a evitar (Odhiambo *et.al, 2005).*

A compreensão da pobreza é uma condição prévia necessária para aumentar a produção agrícola per capita nas zonas rurais, enquanto o conhecimento da pobreza e da sua relação com o nível de vida é uma base lógica para o planeamento da redução da pobreza na economia. A incidência da pobreza tem um impacto negativo na capacidade do indivíduo de ser produtivo. Assim, para assegurar uma combinação adequada de políticas e reformas que garantam a eficácia das medidas e programas de combate à pobreza, é necessário decompor e analisar o grupo de pobres com base nas suas caraterísticas, sistemas e práticas produtivas e actividades económicas globais (Banco Mundial, 1993).

No entanto, a pobreza é, antes de mais, um problema social; como tal, requer uma definição meticulosa, a identificação de parâmetros constitutivos e indicadores verificáveis e mensuráveis. Os parâmetros constitutivos devem essencialmente identificar os principais factores causais. O conhecimento destes últimos constitui, com efeito, uma boa base para a identificação das soluções e das metodologias que orientam a aplicação das estratégias de correção propostas.

Consequentemente, o resultado deste estudo fornecerá a informação relevante necessária para a compreensão da pobreza e a formulação de programas, projectos ou políticas para a sua redução. Os agricultores, os investigadores, os governos e os parceiros de desenvolvimento terão informações em primeira mão sobre os factores responsáveis pela pobreza entre os pequenos agricultores rurais de gergelim, que servirão de base para acções corretivas.

CAPÍTULO 2

REVISÃO DA LITERATURA

2.1 CONCEITO DE POBREZA

A pobreza desafia uma definição objetiva devido à sua natureza multidimensional. Não existe uma definição universal aceite do termo pobreza. Há sempre a dificuldade de decidir onde traçar a linha entre os "pobres" e os "não pobres". De acordo com Aluko (2008), a pobreza refere-se à falta de controlo sobre as necessidades básicas de consumo, ou seja, há um nível inadequado de consumo que resulta em insuficiência de alimentos, vestuário e abrigo. Além disso, conduz à falta de certas capacidades, como a capacidade de participar com dignidade em grupos socioculturais.

O Banco Mundial (2004) definiu a pobreza como a incapacidade de atingir um nível de vida mínimo. O relatório considerou dois índices baseados no nível de consumo, com o objetivo de exprimir o aspeto prático do conceito. O primeiro índice era o limiar de pobreza específico do país e o segundo era o contexto global que permite comparações entre países (Walton, 1990)

As Nações Unidas introduziram a utilização de outros índices, tais como a esperança de vida, a taxa de mortalidade infantil, as matrículas no ensino primário e o rácio entre o número de pessoas e o número de médicos. A pobreza também tem sido conceptualizada tanto no sentido "relativo" como no sentido "absoluto". Esta noção baseia-se geralmente na adoção de normas relativas ou absolutas para a determinação do rendimento mínimo necessário para satisfazer as necessidades básicas da vida. A relatividade da pobreza baseia-se em grande medida no rendimento.

Por conseguinte, a pobreza representa uma situação em que um dado meio material de subsistência numa dada sociedade é dificilmente suficiente para o sustento da sociedade (Townsend et al., 1992). O que é mais importante deduzir destas definições é que a pobreza deve ser concebida, definida e medida em termos quantitativos absolutos que sejam relevantes e válidos para a análise e a elaboração de políticas numa dada situação.

2.2 PERSPECTIVAS HISTÓRICAS DA POBREZA

Segundo Townsend (2006), a pobreza tem estado relacionada com o rendimento, que continua a ser o cerne do conceito atualmente. Contudo, o "rendimento" não é um conceito menos problemático do que a "pobreza"; também ele tem de ser elaborado com cuidado e precisão. Outros recursos como os activos, o rendimento em espécie e os subsídios aos serviços públicos e ao emprego devem ser imputados para se chegar a uma medida abrangente mas precisa do rendimento.

Pode dizer-se que as pessoas se encontram em situação de pobreza quando estão privadas de rendimentos e de outros recursos necessários para obter as condições de vida - alimentação, bens materiais, comodidades, normas e serviços - que lhes permitem desempenhar os papéis, cumprir as obrigações e participar nas relações e nos costumes da sua sociedade (Townsend, 2006)

A compreensão e o alívio da pobreza têm sido uma das principais preocupações da humanidade desde há muitos séculos. Desde a década de 1880, desenvolveram-se três concepções alternativas de pobreza que servem de base a trabalhos internacionais e comparativos. Estas dependem principalmente das ideias de subsistência, necessidades básicas e privação relativa. (Townsend, 2006)
A ideia de subsistência resultou de um trabalho realizado por nutricionistas na Inglaterra vitoriana. As famílias eram consideradas em situação de pobreza quando os seus rendimentos não eram "suficientes para obter o mínimo necessário para a manutenção de uma eficiência meramente física". Uma família era considerada em situação de pobreza se o seu rendimento, menos a renda, não atingisse o limiar de pobreza.

Apesar de, no cálculo do nível de rendimento, se ter tido em conta o vestuário, o combustível e alguns outros artigos, esta verba era muito reduzida e a alimentação representava a maior parte da subsistência. (Townsend, 2006)

Estas ideias influenciaram a prática científica e as políticas internacionais e nacionais durante mais de 100 anos. Exemplos disso são as medidas estatísticas adoptadas para descrever as condições sociais, inicialmente no interior de cada país, mas depois com ampla aplicação por agências internacionais como o Banco Mundial. A ideia de subsistência foi livremente exportada para os Estados membros do antigo Império Britânico, por exemplo, para fixar os salários dos negros na África do Sul e enquadrar os planos de desenvolvimento na Índia e na Malásia. Nos Estados Unidos, a "subsistência" continua a ser a base da medida oficial da pobreza. (Townsend, 2006)

A utilização do conceito de "subsistência" para definir a pobreza tem sido criticada pelo facto de implicar que as necessidades humanas são sobretudo necessidades sociais. As pessoas não são simples organismos individuais que requerem a substituição de fontes de energia física; são seres sociais que devem desempenhar papéis socialmente exigentes como trabalhadores, cidadãos, pais, parceiros, vizinhos e amigos. Além disso, não são meros consumidores de bens físicos, mas produtores desses bens, e espera-se que desempenhem diferentes papéis nas suas várias associações sociais. Dependem de serviços e instalações fornecidos coletivamente. (Townsend, 2006)

2.3 SIGNIFICADO DE POBREZA

Os cientistas sociais analisaram a pobreza a partir de três grandes abordagens de definição, nomeadamente a pobreza absoluta, relativa e subjectiva.

2.3.1 Pobreza absoluta

Trata-se de uma pobreza de subsistência, baseada na avaliação dos requisitos mínimos de subsistência, que envolve um juízo sobre as necessidades humanas básicas e é medida em termos de recursos necessários para manter a saúde e a eficiência física. Os recursos em questão incluem a qualidade e a quantidade de alimentos, vestuário e abrigo, todos considerados necessários para uma vida saudável. Estas necessidades básicas de vida são então avaliadas e o valor ou preço total constitui o limiar de pobreza. As pessoas com rendimentos inferiores ao limiar de pobreza são os pobres. A pobreza começa abaixo e termina acima do limiar de pobreza em questão (Njeru, 2005).

2.3.2 Pobreza relativa

Refere-se à utilização de padrões relativos, tanto no tempo como no local, na avaliação da pobreza, considerados como uma melhoria em relação ao conceito de padrões absolutos. Na sua aplicação, a pobreza relativa baseia-se em juízos de membros de sociedades específicas, relativamente ao que consideram ser padrões de vida e estilos de subsistência razoavelmente aceitáveis. A noção de pobreza relativa é, por conseguinte, elástica e recetiva a mudanças convencionais e rápidas. Nalguns casos, as pessoas podem ser consideradas relativamente pobres por não terem água corrente, máquinas de lavar roupa e instalações médicas modernas, instituições de ensino superior como universidades, instalações turísticas e de férias e automóveis para uso pessoal. No entanto, estes são luxos para alguns sectores da população.

Os padrões aceitáveis são, em si mesmos, problemáticos entre grupos sociais inter-societários, étnicos, religiosos e outros. Os padrões de estilo de vida relativamente aceitáveis para os habitantes dos bairros de lata não são aceitáveis para os residentes das classes residenciais mais elevadas. Para efetuar uma comparação significativa da pobreza relativa, pode ser necessário distinguir entre os níveis local, nacional e internacional de medição da pobreza. *(Njeru,* 2005)*:*

2.3.3 Pobreza subjectiva

Intimamente relacionada com a pobreza relativa, a pobreza subjectiva tem a ver com o facto de os indivíduos ou grupos se sentirem ou não realmente pobres. Isto porque aqueles que são definidos como pobres segundo os padrões da época terão provavelmente uma baixa autoestima e, por conseguinte, vêem-se a si próprios como pobres. Uma pessoa moderadamente bem de vida, que poderia ter estado muito melhor antes, mas que atualmente tem problemas de tesouraria, pode sentir-se subjetivamente pobre. No entanto, pode estar muito à frente de outros membros da sociedade, que podem não o ver como pobre. Os grupos ou sociedades considerados relativamente pobres segundo os padrões da maioria podem também não se considerar pobres. Podem estar a ter uma avaliação diferente

Padrões ou estimativas mais baixas de padrões de vida aceitáveis. Este é frequentemente um problema com as populações rurais, que podem contentar-se apenas com a prestação de alguns serviços essenciais, como a água corrente. *(Njeru* , 2005)*:*

2.4 MEDIÇÃO DA POBREZA

A própria medida de pobreza é uma função estatística que traduz a comparação entre o indicador de bem-estar e o limiar de pobreza, efectuada para cada agregado familiar, num número agregado para a população no seu conjunto ou para um subgrupo da população. Existem muitas medidas alternativas, mas as três medidas seguintes são as mais utilizadas

2.4.1 Incidência da pobreza (índice de incidência):

Trata-se da percentagem da população cujo rendimento ou consumo se situa abaixo do limiar de pobreza, ou seja, a percentagem da população que não pode comprar um cabaz básico de bens. Um analista que utilize vários limiares de pobreza, por exemplo, um para a pobreza e outro para a pobreza extrema, pode estimar a incidência da pobreza e da pobreza extrema. Para os indicadores não monetários, a incidência da pobreza mede igualmente a percentagem da população que não atinge o limiar definido (por exemplo, percentagem da população com menos de 3 anos de escolaridade). (Ravallion,1998)

2.4.2 Profundidade da pobreza (diferencial de pobreza): Fornece informações sobre a distância que separa os agregados familiares do limiar de pobreza. Esta medida capta o rendimento agregado médio ou o défice de consumo em relação ao limiar de pobreza em toda a população. Obtém-se somando todos os défices dos pobres (considerando que os não pobres têm um défice de zero) e dividindo o total pela população. Por outras palavras, dá o total de recursos necessários para trazer todos os pobres para o nível do limiar de pobreza (dividido pelo número de indivíduos na população). Esta medida também pode ser utilizada para indicadores não monetários, desde que a medida da distância seja significativa. O diferencial de pobreza no domínio da educação poderia ser o "número de anos de escolaridade em falta para atingir o limiar definido". Nalguns casos, porém, a medida não faz sentido ou não é quantificável (por exemplo, quando os indicadores são binários, como a literacia, caso em que só pode ser utilizado o conceito de número de efectivos). Note-se também que o diferencial de pobreza pode ser utilizado como uma medida do "montante mínimo de recursos necessário para erradicar a pobreza", ou seja, o montante que teria de ser transferido para os pobres em condições de focalização perfeita (isto é, cada pobre recebe exatamente o montante de que necessita para sair da pobreza) para que todos saiam da pobreza. (Ravallion, 1998)

2.4.3 Gravidade da Pobreza (Quadrado do Hiato da Pobreza): Este fator tem em conta não só a distância que separa os pobres do limiar de pobreza (o diferencial de pobreza), mas também a desigualdade entre os pobres. Ou seja, é atribuído um peso maior aos agregados familiares que estão mais longe do limiar de pobreza. Tal como para a medida do diferencial de pobreza, aplicam-se limitações a alguns indicadores não monetários. Ravallion (1998)

2.5 MEDIÇÃO DA POBREZA NA NIGÉRIA

As abordagens tradicionais à medição começam normalmente com a especificação do limiar de pobreza e o valor das necessidades básicas consideradas adequadas para satisfazer níveis mínimos de vida decente na sociedade afetada.

A pobreza pode ser medida utilizando o rácio de contagem de efectivos, que se baseia no rácio, ou melhor, na proporção de indivíduos ou agregados familiares cujo rendimento se situa abaixo do limiar de pobreza (Bardhan, 1983). (O desvio do rendimento dos pobres em relação ao limiar de pobreza é calculado em média e dividido pela pobreza expressa em percentagem (Banco Mundial, 1980)

Um dos principais trabalhos sobre a Nigéria que utiliza a abordagem das necessidades básicas fundamentais é o de Ogwumike (1991), que examinou a utilidade das medidas de pobreza que têm em conta as necessidades básicas da vida com base no cenário nigeriano, utilizando dados de um inquérito simples aos agregados familiares em Borno, Imo e Oyo. O inquérito determinou os níveis mínimos de necessidades básicas como a alimentação (759,5Kcal/semana e 2533,3gm/semana de proteínas), o abrigo (N4,66 por mês por cabeça), a educação (N2,09/mês por pessoa) na Nigéria. O seu inquérito permitiu ainda determinar um limiar de pobreza de 447,44 N por pessoa e por mês para a Nigéria, com base nas necessidades alimentares e não alimentares. A componente alimentar constitui 80% das despesas totais e calculou que o grau de pobreza (pessoas com rendimentos inferiores ao limiar de pobreza de 447,44) era de 7,14% dos agregados familiares da amostra. Conclui então que uma maior proporção da população pode continuar a ser privada das suas necessidades, a menos que sejam instituídos programas radicais de erradicação da pobreza na Nigéria.

Em 1999, um estudo do Banco Mundial estabeleceu linhas de pobreza com base nos dados de rendimento de 1978, que ascendem a N65 por agregado familiar nas zonas urbanas e a N35 por agregado familiar nas zonas rurais. O limiar de pobreza pressupõe que os agregados familiares utilizam N50 para alimentação e o restante para habitação, vestuário, etc., e que os preços rurais são 40% inferiores ao nível urbano. De acordo com estes valores, estimava-se que 34% dos agregados familiares eram pobres nas zonas urbanas (em vez dos 15% registados em 1984), enquanto 40% estavam abaixo do limiar de pobreza nas zonas rurais.

O Banco Mundial (1995) identificou a pobreza nas zonas rurais da Nigéria como instalações físicas deficientes, insegurança alimentar, práticas agrícolas obsoletas, valores nutricionais fracos, pouco acesso à poupança e ao crédito, incapacidade de educar as crianças devido ao custo elevado, dieta inadequada, casas sem comodidades como latrinas, casas de banho, cozinhas, abastecimento irregular de água e eletricidade, bem como a capacidade de vestir.

Noutro estudo, o Banco Mundial (1996) examinou a pobreza na Nigéria entre 1985 e 1992, utilizando 2/3 da linha de despesa média das famílias, e as principais conclusões foram que a pobreza era mais prevalecente nas zonas rurais. De acordo com este estudo, o Sul da Nigéria regista uma menor incidência de pobreza rural do que a parte Norte. De igual modo, a pobreza diminuiu entre 1985 e 1992, passando de 36 milhões para 34,7 milhões de pessoas numa população de 102 milhões. O estudo revelou ainda que a despesa média per capita das famílias aumentou de N592,81 em 1985/1986 para N792,6 em 1992/1993. Consequentemente, os limiares de pobreza moderada e extrema estimados foram de 395,41 e 197,91, respetivamente.

2.6 AGRICULTURA E POBREZA NA NIGÉRIA

A força de trabalho nigeriana, tal como a de muitos países em África, está fortemente concentrada na agricultura. O sector emprega cerca de 60 por cento da força de trabalho e contribui com mais de 40 por cento para o PIB. Apesar da sua importância, o sector agrícola na Nigéria está longe de atingir todo o seu potencial. O sector agrícola tem a maior incidência de pobreza no país (Phillip et al., 2009); para reduzir a pobreza, é fundamental que as famílias ganhem mais com as suas actividades geradoras de rendimentos. O Relatório sobre o Desenvolvimento Mundial (WDR, 2008) sublinhou a importância da agricultura para a redução da pobreza e o crescimento em África. A melhoria do sector agrícola na Nigéria é vital para aumentar a segurança alimentar e reduzir a pobreza, especialmente nas zonas rurais.

O sector agrícola na Nigéria é constituído principalmente por pequenos agricultores que operam ao nível da subsistência. Apesar das preocupações sobre o desempenho do sector, este continua a ser uma importante fonte de emprego e de rendimento rural. São muitos os constrangimentos com que se depara o sector agrícola na Nigéria, e um dos principais é a baixa taxa de utilização dos factores de produção, em particular dos fertilizantes, que também são geralmente de má qualidade devido à sua adulteração2. Na sua análise dos constrangimentos à produtividade agrícola na Nigéria, Philip et al. (2009) atribuem os baixos níveis de utilização dos factores de produção aos elevados custos de transporte, aos fracos canais de distribuição, à ausência de participação do sector privado, ao risco significativo de importação e a políticas governamentais inconsistentes. O acesso ao crédito agrícola e a coordenação eficiente dos serviços de extensão agrícola podem ter efeitos benéficos sobre a adoção de tecnologias agrícolas, que também não existem no sector agrícola nigeriano (Philip et al., 2009). O acesso deficiente aos mercados de insumos e produtos (em grande parte devido a infra-estruturas rurais deficientes), a degradação dos solos e o baixo investimento na investigação agrícola foram também identificados como obstáculos significativos à produtividade do sector (Philip et al., 2009; Ogunlela e Ogungbile, 2006). A investigação agrícola foi identificada como uma componente vital da estratégia de aumento da produtividade e pode desempenhar um papel crucial na conceção de formas de melhorar as práticas agrícolas (aumentando assim o rendimento agrícola), gerar emprego, reduzir os preços dos alimentos e garantir a disponibilidade de alimentos (Ogunlela e Ogungbile, 2006).

Tal como em muitos países da África Subsariana, as fontes de financiamento da agricultura na Nigéria são uma combinação de despesas públicas e privadas, e de empréstimos e subvenções de parceiros de desenvolvimento. Em média, o governo gastou cerca de cinco por cento do orçamento total do governo federal no sector agrícola entre 1999 e 2008, um total de mais de N700 mil milhões (4,5 mil milhões de dólares), (NITAG, 2009) e, nos anos mais recentes, tem sido cerca de 3 por cento (IFPRI 2011). Uma parte substancial do investimento governamental na agricultura na última década centrou-se na redução da pobreza rural através de esforços para aumentar a produtividade, garantir a segurança alimentar e desenvolver as comunidades rurais através de programas agrícolas diretos, tais como o Programa Especial Nacional para a Segurança Alimentar, o Projeto Nacional de Desenvolvimento de Fadama, o Programa de Desenvolvimento Agrícola e Rural de Base Comunitária, o Programa de Gestão de Recursos Naturais de Base Comunitária e o Projeto de Expansão de Raízes e Tubérculos (NITAG, 2009). Outras áreas de incidência incluem as infra-estruturas rurais e os serviços de apoio, a pecuária e as pescas, o fornecimento de factores de produção e o apoio ao mercado.

Também houve contribuições dos parceiros de desenvolvimento para o sector agrícola. No entanto, até há pouco tempo, os programas agrícolas directos3 representavam apenas 3% do número total de projectos e 1% do total das subvenções concedidas pelos parceiros de desenvolvimento entre 1999 e 2007 (NITAG, 2009).

2.7 PROGRAMA DE ALÍVIO DA POBREZA (PAP)

Ayaba (2009) afirmou que o PAP foi uma medida provisória iniciada no princípio de 2000 para resolver os problemas do aumento do desemprego e da onda de criminalidade, particularmente entre os jovens. O seu objetivo final era aumentar o bem-estar dos nigerianos. Essencialmente, os principais objectivos do PAP são três:

(a) Reduzir o problema do desemprego e, consequentemente, aumentar a procura efectiva na economia.

(b) Aumentar a produtividade da economia: e

(c) Reduzir drasticamente a onda de crimes embaraçosos na sociedade.

Em consonância com os objectivos acima referidos, as metas do PAP incluem, entre outras, as seguintes

(a) Proporcionar emprego a 200.000 desempregados.

(b)Criar um sistema de concessão de crédito que permita melhorar o acesso dos agricultores às facilidades de crédito.

(c) Aumentar a taxa de alfabetização dos adultos de 51% para 70% até 2003.

(d)aumentar o sistema de prestação de cuidados de saúde de 40% para 70% até ao ano 2003.

(e) Iniciar a formação e a fixação de, pelo menos, 60% dos diplomados dos estabelecimentos de ensino superior.

(f) Desenvolvimento de indústrias de pequena e média escala.

2.8 PROGRAMA NACIONAL DE ERRADICAÇÃO DA POBREZA (NAPEP)

Introduzido no início de 2001, o NAPEP é o programa atual que se centra na definição de "estratégias para a erradicação da pobreza absoluta na Nigéria". O NAPEP é complementado pelo Conselho Nacional de Erradicação da Pobreza (NAPEC), que coordena as actividades relacionadas com a redução da pobreza de todos os ministérios, organismos para-estatais e agências relevantes. Tem o mandato de assegurar que a vasta gama de actividades seja planeada, coordenada e complementada de forma centralizada, para que os objectivos de continuidade e sustentabilidade das políticas sejam alcançados.

As actividades relacionadas com a redução da pobreza das instituições relevantes no âmbito do PANEP foram classificadas em quatro, nomeadamente

(i) Programa de reforço da capacidade de ação dos jovens (YES):

Trata-se da aquisição de capacidades, da vinculação obrigatória, da melhoria da produtividade, da concessão de crédito, do desenvolvimento tecnológico e da promoção das empresas.

(ii) Regime de desenvolvimento das infra-estruturas rurais (RIDS):

Trata-se do abastecimento de água potável e de irrigação, dos transportes (rurais e urbanos), da energia rural, das estradas rurais e do apoio à eletricidade.

(iii) Regime do Serviço de Ação Social (SOWESS):

Trata-se de educação especial, serviços de cuidados de saúde primários, criação e manutenção de centros recreativos, instalações de sensibilização do público, desenvolvimento de albergues para jovens e estudantes, instalações de proteção do ambiente, disposições em matéria de segurança alimentar, concessão de micro e macro-créditos, instalações de telecomunicações rurais, fornecimento de transportes colectivos e cultura de manutenção

(iv) Regime de Desenvolvimento e Conservação dos Recursos Naturais (NRDCS):

Trata-se do aproveitamento dos recursos agrícolas, hídricos e minerais sociais, da conservação da terra e do espaço (praias, terrenos recuperados, etc.), especialmente para uma utilização conveniente e eficaz pelos pequenos operadores e pela comunidade imediata. Com efeito, o PANEP está centrado na capacitação dos jovens, no desenvolvimento das infra-estruturas rurais, na prestação de serviços de assistência social e no desenvolvimento e conservação dos recursos naturais.

Por muito nobres que fossem as intenções do governo para resolver a questão da pobreza, certos factores militam contra elas. Collier (2003) mencionou uma série de factores que, segundo ele, contribuíram para o fracasso dos anteriores programas de redução da pobreza. Alguns deles são: a falta de um mecanismo de orientação para os pobres e o facto de a maior parte dos programas não se centrarem diretamente nos pobres; a instabilidade política e das políticas, que resulta em mudanças frequentes de políticas e numa implementação inconsistente que, por sua vez, impediram um progresso contínuo; a coordenação inadequada dos vários programas, que levou a que cada instituição realizasse as suas próprias actividades, com a consequente duplicação de esforços e uma utilização ineficaz dos recursos limitados. A sobreposição de funções conduz, em última análise, a rivalidades e conflitos institucionais.

Antai (2007) acrescentou que a maior parte dos programas foi afetada por graves problemas orçamentais, de gestão e de governação, o que levou a que as instalações não fossem concluídas, fossem destruídas e abandonadas ou mesmo mal equipadas. A falta de responsabilidade e de transparência fez com que o programa servisse de canal para a drenagem dos recursos nacionais. Além disso, o âmbito demasiado alargado das actividades da maioria das instituições resultou na dispersão de recursos em demasiados projectos. Exemplos disso são a Direção de Estradas, Alimentação e Infra-estruturas Rurais (DFRRI) e os programas "Better Life", que abrangiam quase todos os sectores e se sobrepunham a muitos programas existentes.

O analfabetismo rural é outro grande obstáculo ao desenvolvimento da economia nigeriana, especialmente nas zonas rurais. Olayemi (2012) observou que a educação é um instrumento poderoso para o desenvolvimento do homem e da sociedade; é a chave para aumentar a eficiência económica e promover a coerência social. Ao aumentar o valor e a eficiência do trabalho, ajuda a retirar os pobres da pobreza. Aumenta a produtividade global e a flexibilidade intelectual da força de trabalho; permite que um país seja competitivo nos mercados mundiais, atualmente caracterizados pela evolução das tecnologias e dos métodos de produção. Isto implica que, quando o nível de escolaridade de um povo é baixo, isso afecta invariavelmente as iniciativas de desenvolvimento

2.9 CONCEITO DE POBREZA E DESENVOLVIMENTO

Literalmente, pode afirmar-se que a pobreza e o desenvolvimento são duas faces de uma mesma moeda; uma pressupõe e desafia a outra. Geralmente, no Ocidente, é a manifestação da pobreza, dos constrangimentos, das doenças ou dos acidentes que o impele para o progresso (Oyeshola, 2007). É esta a história por detrás das invenções e da tecnologia. Em África, porém, a pobreza é um obstáculo ao progresso. A falta de infra-estruturas, as práticas de corrupção profundamente enraizadas, as várias formas de conflito, a má governação e as más condições de saúde não podem promover uma população saudável empenhada em trabalhar para o progresso e o desenvolvimento (Oyeshola, 2007).

A pobreza não é apenas a falta de dinheiro para satisfazer as necessidades básicas da vida, mas cria na mente dos pobres uma imagem de falta de objetivo, incerteza e desesperança ao extremo. Na ausência de infra-estruturas e de serviços, as pessoas não dispõem de abastecimento de água canalizada, de ligações de esgotos ou de instalações sanitárias adequadas, de recolha de lixo e de medidas básicas de prevenção das doenças e de cuidados de saúde. Estas deficiências promovem a diarreia, a disenteria, a febre tifoide, os parasitas intestinais e a intoxicação alimentar e não o desenvolvimento. Quando combinadas com a subnutrição, podem enfraquecer o sistema de defesa do corpo e o sarampo, a pneumonia e outras doenças comuns da infância tornam-se grandes assassinos (Cairncross, 1990).

O desenvolvimento é muitas vezes assumido como uma tendência socioeconómica, política, científica e tecnológica. O conceito de desenvolvimento é, sem dúvida, complexo. A sua dificuldade não se prende apenas com a sua definição/descrição, mas também com a sua medição (Oyeshola, 2007). O desenvolvimento deve ser medido pelo Produto Nacional Bruto per capita (PNB), pelo PIB ou pelo Índice de Qualidade de Vida Física (QVF)? Se o PIB for medido como uma média, não diz nada sobre a distribuição do rendimento total da sua população (Oyeshola, 2007). Assim, alguns países com uma distribuição de rendimentos muito desigual podem ter os PNB per capita mais elevados do mundo. E também não capta a totalidade da situação de desenvolvimento do país. O PIB indica o valor da produção económica resultante da utilização dos recursos, principalmente do trabalho, da terra e do capital, obtidos pelos membros nacionais de uma sociedade (Oyeshola, 2007). O fluxo de saída (lucros e benefícios) das empresas multinacionais (EMN), bem como as remessas dos imigrantes na sociedade não estão incluídos no cálculo. Da mesma forma, as condições para um PQLI efetivo podem ser difíceis de estabelecer. Será que os três indicadores habituais de esperança de vida, mortalidade infantil no primeiro ano de vida e literacia dos adultos revelam tudo? Mesmo que se utilize a bitola da democracia, do nível de corrupção e do avanço tecnológico, será que ela explica a totalidade do conceito de desenvolvimento? (Oyeshola, 2007).

O desenvolvimento não pode ser apenas o desenvolvimento económico ou o PNB, por muito importantes que sejam. Deve necessariamente incluir as condições da realidade que permitam às pessoas tomar o seu destino nas suas próprias mãos. Tomar as suas vidas nas suas próprias mãos envolverá as dimensões económica, social, política, psicológica, ambiental, cultural, religiosa e internacional do seu ambiente. Neste sentido, o desenvolvimento inclui as condições da realidade que permitem às pessoas tomar o seu destino nas suas próprias mãos, individual e coletivamente (Oyeshola, 1989)

Obter recursos naturais suficientes para satisfazer as necessidades básicas de todos de uma forma autossuficiente; ajustar-se às alterações ambientais adversas com consequências desastrosas mínimas; ter um sistema de governo estável, democrático e independente; e manter a harmonia no seio da comunidade humana e entre os seres humanos e o resto do ambiente (CMI, 2001)

Para Mahbub Ul Haq (1989), o desenvolvimento centra-se nas necessidades humanas, na compilação de perfis de pobreza e na situação dos quarenta por cento mais desfavorecidos da sociedade, frequentemente ignorados pelo desenvolvimento. Afirmou ainda que os esforços de desenvolvimento devem ser colocados na medição dos custos do ajustamento não só em termos de perda de produção, mas também em termos de vidas perdidas e do potencial humano perdido (Mahbub Ul Haq, 1989). A este respeito, a lição parece ter sido aprendida por muitos líderes, incluindo alguns líderes nigerianos, de que o bem-estar humano é o fim último do desenvolvimento e não os números do PNB.

2.10 POBREZA E PRODUTIVIDADE AGRÍCOLA NA NIGÉRIA

A produção agrícola continua a ser, até à data, o pilar da economia da Nigéria. É a principal fonte de alimentos para a maioria da população. Constitui o meio de subsistência de mais de 70% da população, uma fonte importante de matérias-primas para as indústrias agro-alimentares e uma fonte potente das tão necessárias divisas estrangeiras (Okuneye, 2001)

O sector agrícola nos períodos imediatamente a seguir à independência desempenhou estas funções de forma digna, mas o quase eclipse do sector na era do boom petrolífero (1972-1975), as políticas governamentais inconsistentes e sem objectivos foram identificadas como as perturbações fatais que abalaram o barco da segurança alimentar na Nigéria (Okuneye, 2001).

Okuneneye, 2001 afirmou ainda que os pequenos agricultores que inundam o panorama da produção agrícola na Nigéria produzem cerca de 85% da produção total. Estes agricultores pobres em recursos são também caracterizados por uma forte dependência do mercado de trabalho agrícola, pouca ou nenhuma forma de poupança ou de instalações de armazenamento e práticas culturais adoptadas como altamente intensivas em mão de obra. As caraterísticas socioeconómicas e de produção dos agricultores, as políticas governamentais incoerentes e pouco orientadas, a base infraestrutural deficiente, tudo isto interage em sinergia para asfixiar o sector, resultando numa baixa produção, no aumento dos preços dos produtos alimentares, na inflação, no subdesenvolvimento e na pobreza concomitante.

Segundo Broca (2002), a maioria dos pobres do mundo ainda vive em zonas rurais e depende crucialmente da agricultura para a sua subsistência, pelo que um aumento da produtividade agrícola aumentaria os rendimentos na agricultura. Numa economia agrária como a Nigéria, os projectos agrícolas constituem um dos principais meios de que o governo dispõe para aliviar a pobreza. Desde a independência em 1960, o governo nigeriano lançou vários esquemas, programas e projectos, principalmente para aumentar a produção agrícola e melhorar o bem-estar das massas. A maior parte deles não resistiu ao teste do tempo devido a um planeamento deficiente (Eubuamwam, 1997)

2.11. AGRICULTURA E POBREZA RURAL NA NIGÉRIA

A agricultura é o pilar da economia da Nigéria, contribuindo com cerca de 42% do PIB e mais de 70% do emprego, direta e indiretamente. O sector é dominado por famílias de subsistência e semi-subsistência (cultivando 3 hectares (ha) ou menos) e produtores orientados para o mercado (cultivando entre 3 e 25 ha). Estes grupos representam mais de 90 por cento da produção agrícola e dos excedentes comercializáveis (FIDA, 2010). A Nigéria é o maior produtor mundial de mandioca, inhame e feijão-frade, bem como um grande produtor de peixe com mais de 600 000 toneladas por ano, a maior parte das quais é extraída por frotas comerciais de fontes marinhas.

A Nigéria é uma nação com défice alimentar, importando grandes quantidades de cereais, especialmente arroz (cerca de 2 milhões de toneladas em 2007-2008), avaliadas em 356 mil milhões de euros por ano, quantidades significativas de gado e produtos pecuários (principalmente através de comércio fronteiriço informal não registado) e produtos da pesca. A agricultura registou um crescimento anual de 7% durante o período de 2004-2007 e deverá crescer entre 10 e 13% durante o período de 2008-2011 (IFAD, 2010).

De um total estimado de 71 milhões de hectares de terras aráveis, apenas metade se encontra atualmente em produção. O desenvolvimento da irrigação é limitado e algumas infra-estruturas estão em mau estado. As florestas e os bosques ocupam cerca de 17 milhões de hectares, mas as florestas primárias estão a desaparecer rapidamente. O total de massas de água interiores da Nigéria está estimado em cerca de 12 milhões de hectares e o país dispõe de recursos marinhos significativos. A Nigéria tem a maior concentração de pescadores artesanais marinhos em África, que operam principalmente na região do Delta do Níger (FIDA, 2010).

A maioria dos agricultores da Nigéria são pequenos agricultores, com dois terços de todas as explorações com menos de 2 hectares e 90% das explorações com menos de 10 hectares. A maior parte dos pequenos agricultores pratica uma agricultura de "poucos recursos", que se baseia essencialmente na utilização de recursos locais, mas que pode recorrer modestamente a factores de produção externos. A agricultura de baixos recursos produz a maioria dos cereais, quase todas as raízes, tubérculos e plátanos, e a maioria das leguminosas. A maior parte das culturas alimentares de base são cultivadas por pequenos agricultores, com uma utilização praticamente nula ou reduzida de fertilizantes e de sementes melhoradas (Richards 1985). Esta situação, no entanto, mudou nas últimas duas décadas, uma vez que a produção alimentar per capita diminuiu em África. Outrora autossuficiente em cereais, África tem agora de importar milhões de toneladas para preencher a lacuna. Apesar deste aumento das importações, os pequenos agricultores ou agricultores de pequena escala continuam a produzir a maior parte dos alimentos em África (Beets 1990).

A produtividade agrícola da Nigéria é geralmente baixa, principalmente devido ao fraco acesso a factores de produção que melhoram a produção; à dependência de tecnologias de mão de obra intensiva e de baixo rendimento; a perdas consideráveis de produtos agrícolas após a colheita (estima-se que 20% dos cereais e mais de 40% das frutas e legumes se perdem devido a um manuseamento pós-colheita deficiente e a infra-estruturas rurais e de transformação agrícola inadequadas, em especial estradas rurais); ao acesso limitado ao capital; e à participação limitada do sector privado em resultado de um ambiente político pouco favorável (FIDA, 2010).

2.12 CONTEXTO DA POBREZA RURAL

Embora a pobreza seja generalizada, a população rural da Nigéria representa mais de 70 por cento dos agregados familiares pobres - ou seja, mais de 98 milhões de pessoas, ou cerca de 17 milhões de agregados familiares. O inquérito sobre o nível de vida na Nigéria 20032004 indicou que os Estados da região do Sudão/Sahel registaram a maior incidência de pobreza, com cerca de 80% da população descrita como pobre (FIDA, 2010). A região do Delta do Níger também registou um aumento da pobreza nos últimos 20 anos, devido principalmente à negligência do governo aos três níveis, bem como à degradação ambiental, perpetrada sobretudo pelas empresas petrolíferas, que corroeu a base de recursos, nomeadamente a terra e a água, limitando assim o desenvolvimento da agricultura e das pescas. Esta situação é ainda agravada pelos incessantes conflitos socioeconómicos e pela inquietação dos jovens (FIDA, 2010).

O FIDA afirmou ainda que mais de 80 por cento da população rural depende da agricultura, incluindo a pesca e a pecuária. A baixa produtividade e as oportunidades limitadas de acrescentar valor são os principais factores que contribuem para a pobreza rural. Os meios de subsistência rurais são ainda prejudicados por infra-estruturas deficientes, incluindo água e saneamento, estradas rurais deficientes e limitadas, energia (especialmente eletricidade), escolas, instalações de saúde e comunicações. O acesso inadequado à terra e a insegurança generalizada da posse da terra condicionam o desenvolvimento agrícola e limitam o crédito ao investimento do sector privado, além de que as populações rurais têm poucas oportunidades alternativas de emprego.

O papel do crescimento agrícola na redução da pobreza e no desencadeamento do crescimento económico global foi estudado exaustivamente e conduziu a um amplo consenso na comunidade internacional de desenvolvimento e nos meios académicos de que o sector agrícola tem sido o motor do crescimento económico global e da erradicação da pobreza noutras partes do mundo e pode potencialmente tornar-se o mesmo em África (IFAD, 2001).

2.13 AGRICULTURA E POBREZA EM JIGAWA

Jigawa é abençoada com uma grande extensão de terras agrícolas, rios e planícies aluviais adequadas para a produção de culturas, gado e peixe. Dos 2,24 milhões de hectares de área total, apenas 1,6 milhões são cultivados durante a estação das chuvas, enquanto 308 000 hectares de terra têm potencial para irrigação. Mais de 80% da massa total de terra do estado é considerada arável. (JARD, 2012) O Estado é predominantemente agrário, com 80% da população envolvida na agricultura. As principais culturas de sequeiro cultivadas no Estado incluem o painço, o sorgo, o feijão-frade, o amendoim, o sésamo e a soja. As culturas da estação seca incluem a cana-de-açúcar, a pimenta, o quiabo, o tomate, a cebola e os espinafres. Os principais animais de criação no Estado são os pequenos ruminantes e as aves de capoeira. (JARD, 2012) Mais de 90% da população vive em zonas rurais e depende da agricultura e de actividades conexas para a sua subsistência. Estas são as pessoas que serão mais afectadas pela pobreza. São também os principais produtores de alimentos, bem como utilizadores e guardiões dos recursos naturais. (FIDA, 2012)

De acordo com a Avaliação da Pobreza na Nigéria de 2007, a incidência da pobreza no Estado de Jigawa é de 90,9%, a mais elevada do país, o que, mais uma vez, o coloca entre os mais elevados do país. Este facto coloca a redução da pobreza e a criação de emprego no topo da lista de prioridades de desenvolvimento do governo do Estado. 80% dos agregados familiares de Jigawa retiram o seu rendimento da agricultura 90% da população de Jigawa é considerada pobre. O inquérito situa a gravidade da pobreza no Estado em 24,6%,

A produção agrícola e o acesso aos alimentos em muitas partes do mundo podem ser gravemente comprometidos pela variabilidade e pelas alterações climáticas. Prevê-se que a área adequada para a agricultura, a duração dos períodos de crescimento e o potencial de rendimento de algumas zonas essencialmente áridas diminuam. Os episódios de precipitação intensa e de seca deverão tornar-se mais frequentes e mais graves. A maioria das famílias de agricultores pobres em recursos cultiva uma pequena porção de terras agrícolas para a alimentação, utilizando tecnologias de baixo nível que não podem produzir alimentos suficientes durante todo o ano, predispondo-as assim para uma situação de pobreza.

2.14 CAUSAS DA POBREZA

Não existe uma única causa ou fator determinante da pobreza. Pelo contrário, a combinação de vários factores complexos contribui para a pobreza. Estes incluem um crescimento económico baixo ou negativo, políticas macroeconómicas inadequadas, deficiências no mercado de trabalho que resultam num crescimento limitado do emprego, baixa produtividade e baixos salários no sector informal e um atraso no desenvolvimento dos recursos humanos. Outros factores que contribuíram para o declínio do nível de vida e que são causas estruturais ou determinantes da pobreza incluem o aumento da criminalidade e da violência, a degradação ambiental, a contenção dos trabalhadores, a queda do valor real das redes de segurança e as mudanças nas estruturas familiares. Estes factores são examinados mais adiante

2.14.1 Baixo desempenho do crescimento económico

O crescimento da economia é uma necessidade para a redução da pobreza. Nos países em desenvolvimento, como a Nigéria, é desejável um crescimento gerador de emprego e com base nas exportações, a fim de alcançar um crescimento que reduza a pobreza com equidade. Embora o desempenho económico dos países do mundo tenha sido, de um modo geral, altamente volátil desde o início da década de 1980, as taxas de crescimento foram, no seu conjunto, baixas ou negativas, com declínios globais em vários países. Esta situação deve-se em parte a choques externos, tais como alterações adversas nos termos de troca de vários países, alterações na procura global de exportações e alterações nas taxas de juro globais sobre a dívida externa dos países em desenvolvimento. Todos estes factores são provavelmente responsáveis pelo aumento do nível de pobreza em vários países do mundo. Existem numerosas provas que associam a importância do crescimento económico à redução da pobreza (ver Banco Mundial, 1990). Por exemplo, na Indonésia e na Tailândia, a pobreza foi reduzida entre 30 e 40% durante um período de vinte anos em que as taxas de crescimento anual foram de aproximadamente 3% (os investimentos nos sectores sociais também contribuíram).

Assim, de uma amostra de países, os que menos reduziram a pobreza (por exemplo, a Índia e o Sri Lanka) registaram taxas de crescimento inferiores a 1%. O crescimento pode reduzir a pobreza através do aumento do emprego, do aumento da produtividade do trabalho e dos salários reais mais elevados que gera. Choques macroeconómicos e fracasso das políticas:- Esta tem sido uma das principais causas de pobreza em vários países do mundo. Como muitas economias do mundo enfrentaram desequilíbrios macroeconómicos, sobretudo na balança de pagamentos, devido a políticas expansivas de procura agregada, choques nos termos de troca e catástrofes naturais, tornou-se necessário empreender reformas políticas importantes. Durante este processo, estas economias tornaram-se vulneráveis à pobreza.

Os choques macroeconómicos e o fracasso das políticas são responsáveis pela pobreza, em grande parte porque impedem os pobres de utilizar o seu maior bem, o "trabalho". Além disso, as políticas monetárias que afectam negativamente o custo e o acesso ao crédito por parte dos pobres, a política fiscal que resulta em contenção, despedimento e substituição de factores; a política cambial que aumenta o custo interno da produção num sistema de produção dependente das importações afectará negativamente os pobres. No entanto, uma política cambial que aumente as exportações, especialmente aquelas em que os pobres estão predominantemente envolvidos (por exemplo, a agricultura), ajudará a reduzir a pobreza. As populações urbanas pobres, em resultado do fracasso das políticas, são vulneráveis às perdas de emprego resultantes da redução de postos de trabalho nos sectores públicos ou do declínio das indústrias afectadas negativamente pelas mudanças nos preços relativos. Também perdem com a supressão dos subsídios alimentares e de outros pacotes sociais. Além disso, a desvalorização produz efeitos negativos e positivos sobre a equidade e a incidência da pobreza. Do lado negativo, os custos de produção mais elevados das importações, especialmente numa economia dependente das importações, resultam normalmente numa diminuição da taxa de utilização da capacidade na indústria transformadora e em despedimentos e reduções de efectivos no sector privado, o que agrava a pobreza

2.14.2 Migração

As taxas de migração aumentam efetivamente a pobreza, especialmente quando a maioria dos indivíduos que migram são trabalhadores qualificados. Por outro lado, os indivíduos que emigram perdem postos de trabalho nos mercados de trabalho. Por conseguinte, a migração esgota as competências. Reduz o ritmo do crescimento económico e, por conseguinte, abranda o processo de criação global de emprego e afecta o potencial de desenvolvimento a longo prazo de um país. O padrão de assentamento humano é nucleado, com centros populacionais definidos, o que tende a exercer pressão sobre a provisão de infra-estruturas críticas. A migração transfronteiriça entre o Estado de Jigawa e os Estados vizinhos e entre o Estado e a República do Níger é comum. A migração de pessoas para o Estado é mais elevada durante a estação seca, quando os pastores de gado da vizinha República do Níger migram para o Sul em busca de pasto e água para os seus animais.

2.14.3 Desemprego e subemprego

O emprego é um fator determinante da pobreza. O emprego remunerado é importante para que o indivíduo possa obter rendimentos e escapar à pobreza "monetária". Enquanto que, em geral, nos países do mundo, os não pobres sofrem de desemprego transitório ou involuntário, os pobres são confrontados com problemas de desemprego estrutural devido à falta de competências ou a níveis de educação extremamente baixos, problemas médicos, isolamento geográfico (que afecta alguns dos pobres rurais em geral e os pobres urbanos devido à marginalização das pessoas que vivem em bairros de alta criminalidade) e, em alguns países, discriminação baseada na raça ou noutros atributos. Além disso, o subemprego ocorre em grande parte nos sectores informais e resulta em baixos rendimentos para um segmento importante da força de trabalho, particularmente nas zonas rurais. O desemprego deve-se mais ao baixo crescimento económico do que aos efeitos diretos das imperfeições do mercado de trabalho, embora as regulamentações que afectam o sector formal sejam susceptíveis de induzir mais subemprego no sector informal. Nas zonas rurais mais pobres, este fenómeno assume principalmente a forma de desemprego sazonal e, nas zonas urbanas, de desemprego dos que desistiram de procurar trabalho. O desemprego elevado afecta especialmente os jovens, as mulheres que vivem nas cidades e as pessoas que fazem "fila" para obter bons empregos no sector formal.

2.14.4 Desenvolvimento dos recursos humanos

Isto é fundamental para o desenvolvimento do capital humano e para a capacidade de sair da pobreza. O investimento contínuo em capital humano, com melhorias na eficiência, é necessário para sustentar a redução da pobreza e as mudanças no mercado de trabalho. O investimento nas pessoas pode melhorar o nível de vida dos agregados familiares, alargando as oportunidades, aumentando a produtividade, atraindo o investimento de capital e aumentando o poder de ganho: Além disso, a oferta de oportunidades adicionais de educação para os adolescentes pode impedir que alguns jovens se envolvam em gangues, drogas e violência, tendo em conta as provas que ligam os autores de crimes ao abandono escolar.

2.14.5 Saúde/Doenças

Uma boa saúde é essencial para o bem-estar humano e um objetivo fundamental do desenvolvimento social e económico. A falta de saúde limita o capital humano, reduz o rendimento da aprendizagem, impede as actividades empresariais e trava o crescimento e o desenvolvimento económico. As doenças causam pobreza e vice-versa. Na maioria dos países do mundo, as principais doenças que causam pobreza são a malária, o VIH/SIDA e outras infecções/doenças. Na Nigéria, por exemplo, a prevalência da SIDA é de cerca de 5,4%, com uma população adulta infetada de 2,6 milhões de pessoas. Esta situação condiciona a disponibilidade e a participação deste segmento da população no mercado de trabalho para obter rendimentos.

2.14.6 Encargos da dívida

Em vários países em desenvolvimento do mundo, o peso da dívida está a assumir uma importância crescente como causa da pobreza. Nesses países, o serviço da dívida tem vindo a afetar o volume de recursos necessários ao desenvolvimento socioeconómico. O sector produtivo, como a agricultura, a indústria transformadora, etc., está igualmente condicionado, o que conduz a uma baixa produtividade, a uma baixa utilização das capacidades, ao subemprego e a um baixo poder de compra, sujeitando assim as massas populares a uma pobreza abjecta. Na Nigéria, no final de dezembro de 2000, a dívida externa era de 28,5 dólares (cerca de 80% do PIB). O montante necessário para pagar o serviço desta dívida anualmente é suficiente para impedir as despesas do governo com o fornecimento de infra-estruturas sociais e físicas aos pobres.

2.14.7 Governação

A persistência e a disseminação da pobreza em vários países têm sido associadas à falta de participação popular na governação e na tomada de decisões, bem como a uma base institucional fraca. Esta situação conduziu, entre outras coisas, a uma fraca responsabilização, à transparência na afetação dos recursos e a uma fraca execução e acompanhamento dos programas. Em última análise, os programas de desenvolvimento tornam-se ineficazes, pelo que as iniciativas de redução da pobreza são ineficazes e os recursos desperdiçados.

2.14.8 Degradação ambiental

A degradação ambiental é uma causa do agravamento da pobreza. Ao mesmo tempo, a própria pobreza pode ser uma causa da degradação ambiental. Esta causalidade inversa resulta do facto de que, para as pessoas pobres em países pobres como

Na Nigéria, alguns recursos ambientais são complementares na produção e no consumo de outros bens e serviços, ao passo que outros recursos ambientais complementam o rendimento, sobretudo em períodos de grande tensão económica (Falconer e Arnold, 1989). Isto pode ser uma fonte de causas cumulativas, em que a pobreza, as elevadas taxas de fertilidade e a degradação ambiental se alimentam mutuamente. De facto, uma erosão da base de recursos ambientais pode tornar certas categorias de pessoas destituídas, mesmo quando a economia, em média, cresce (Dasgupta, 1993)

Em vários países do mundo, a inacessibilidade dos pobres ao crédito e aos recursos naturais não lhes deixa outra alternativa senão utilizar os recursos naturais como as florestas, os bosques e os rios para sobreviver. Muitas vezes, a sua exploração contínua destes recursos conduziu ao stress/esgotamento e à degradação ambiental, tornando os pobres simultaneamente agentes e vítimas de práticas ecológicas insatisfatórias. Na maioria das zonas rurais dos países em desenvolvimento, o período de pousio diminuiu para quatro a cinco anos e, em vários casos, para dois anos. O curto período de pousio não é geralmente adequado para a regeneração da vegetação e para a reposição dos nutrientes do hospedeiro; a qualidade do solo e da água esgota-se assim rapidamente. Entre os pobres, o corte frequente de árvores florestais com baixa taxa de replantação resultou na escassez de lenha. O efeito imediato desta situação é que as famílias pobres recorrem a combustíveis alternativos, tais como resíduos de culturas, cascas de coco, cascas de arroz ou capim-elefante. O fumo destes combustíveis inferiores, de acordo com Cece Laki (1985), é muitas vezes mais venenoso do que o da lenha, enquanto que as emissões de todos os combustíveis de biomassa são conhecidas por serem fontes perigosas de poluição do ar em casa. Além disso, a escassez de lenha obriga as mulheres a fazer arder lentamente o que está disponível. A OMS (1984) considera que, em condições de combustão lenta, os combustíveis de madeira são capazes de produzir concentrações de poluição mais elevadas do que os combustíveis fósseis e sujeitam os agregados familiares a mais poluentes de fumo.

O abate incessante de árvores para a produção de lenha e de carvão vegetal tem dificultado as perspectivas de aumento da produção e acelerado a perspetiva de um deserto crescente, ao mesmo tempo que a utilização desregrada dos recursos do país pelas indústrias e a poluição industrial resultante de uma eliminação inadequada dos resíduos têm agravado ainda mais a situação dos pobres.

2.15 DESIGUALDADE DE RENDIMENTOS NA NIGÉRIA

A desigualdade de rendimentos agravou-se de 0,43 para 0,49 entre 2004 e 2009. Esta situação está relacionada com o acesso diferenciado a infra-estruturas e serviços. Em particular, há mais pobres nas zonas rurais do que nas zonas urbanas (Aigbokhan, 2000), o que resulta da composição da economia da Nigéria, especialmente dos sectores da energia (petróleo) e da agricultura. As exportações de petróleo contribuem significativamente para as receitas do Estado e para cerca de 15% do PIB, apesar de empregarem apenas uma fração da população. (Aigbokhan, 2000) A agricultura, no entanto, contribui para cerca de 45% do PIB e emprega perto de 90% da população rural.[5]

Esta incongruência é agravada pelo facto de as receitas do petróleo serem mal distribuídas entre a população, com despesas públicas mais elevadas nas zonas urbanas do que nas rurais. As elevadas taxas de desemprego tornam os rendimentos pessoais ainda mais divergentes. Além disso, o processo de extração do petróleo provocou uma poluição significativa, que prejudica ainda mais o sector agrícola.

2.16 PRODUÇÃO DE SÉSAMO NO ESTADO DE JIGAWA

Os dados relativos à produção de sésamo mostram que existe uma tendência para a diminuição da quantidade produzida no Estado. A quantidade total de sésamo produzida em todo o estado mostra que caiu de 31.600MT para 3.960MT num espaço de anos, apesar do valor comercial da cultura. Este facto pode não ser alheio aos desafios que os pequenos produtores enfrentam, tais como a imprevisibilidade do momento em que a precipitação estará totalmente estabelecida, a incidência de doenças, a falta de fundos para comprar insumos de produção, tais como fertilizantes e mercados hostis. (JARDA, 2012)

Quadro 1: Produção de sésamo (2004-2009)

Ano	**Quantidade produzida (MT)**	**Rendimento médio por/ha**	**Área média de cultivo**
2004	31,600	0.5	98000
2005	13,600		
2006	16, 614		
2007	19,190		
2008	10, 400		
2009	3,960		
Produção total	**49,000**		

Fonte: Adotado de JARDA Crop and Yield Survey 2012

CAPÍTULO 3

METODOLOGIA

3.1 A ÁREA DE ESTUDO

O Estado de Jigawa situa-se entre as latitudes 11° N e 13° N e as longitudes 8° E e 10° 35'E, com um clima tropical e uma temperatura variável em diferentes alturas. As temperaturas elevadas registam-se normalmente entre os meses de abril e setembro. As temperaturas mínimas e máximas diárias são de 15° C e 35° C. A estação das chuvas vai de maio a setembro, com uma precipitação média entre 600 milímetros e 1000 milímetros. A parte sul do estado tem um percentual de precipitação maior do que a parte norte (JARDA, 2005). As condições climáticas do Estado favorecem o cultivo de culturas como o sésamo, o sorgo, o arroz, o painço, o amendoim e o milho.

O Estado está situado na zona de vegetação da Savana do Sudão, mas existem vestígios da Savana da Guiné na parte sul do Estado. A floresta total cobre cerca de 5% devido às caraterísticas da pluviosidade e à desflorestação causada principalmente pela utilização de madeira como combustível. O nome Jigawa é uma palavra Hausa utilizada para descrever um vasto solo argiloso mas não pantanoso (JARDA, 2005).

De acordo com o censo de 2006, o Estado tem uma população total de 4.348.649 milhões de habitantes. A taxa de crescimento anual da população está estimada em 3,5% e projectada para 5.726.338 pessoas em 2014, com cerca de 48% da população com idade inferior a quinze anos. Esta situação representa um grande desafio para o Estado no que diz respeito ao envolvimento significativo dos jovens em sectores económicos lucrativos, sendo mesmo preocupante o facto de cerca de 2.748.642 milhões serem considerados adultos produtivos. Oitenta por cento (80%) da população encontra-se nas zonas rurais e é constituída maioritariamente por Hausa, Fulani e Mangawa (NPC, 2006).

O padrão de assentamento humano é nucleado, com centros populacionais definidos, o que tende a exercer pressão sobre a provisão de infra-estruturas críticas. A migração transfronteiriça entre o

Estado de Jigawa e os Estados vizinhos e entre o Estado e a República do Níger é comum. A migração de pessoas para o Estado é mais elevada durante a estação seca, quando os pastores de gado da vizinha República do Níger migram para o Sul em busca de pasto e água para os seus animais. A migração para o exterior é uma caraterística da estação baixa da agricultura, conhecida como *"cirani"*, durante a qual as pessoas deixam o Estado em busca de emprego nos Estados vizinhos, nomeadamente em Kano e em algumas das principais cidades do país (J ARD A, 2005). A migração das pessoas para fora do estado é um indicador claro da falta de oportunidades de emprego fora da época e do fracasso das agências governamentais relevantes em utilizar o enorme potencial de irrigação do estado para criar meios de subsistência para os jovens que se juntam no estado. O Estado de Jigawa é constituído por vinte e sete (27) zonas governamentais locais (LGAs), divididas em quatro zonas agrícolas, como se segue:

Zona I: com sede em Bimin Kudu, inclui sete (7) áreas governamentais locais, nomeadamente Gwaram, Kiyawa, Buji, Miga, Jahun e Dutse.

Zona II: com sede em Gumel, inclui seis (6) áreas governamentais locais, nomeadamente Maigatari, Garki, Gagarawa, Taura e Ringim.

Zona III: com sede em Hadejia, e inclui oito (8) áreas governamentais locais, nomeadamente Auyo, Birniwa, Guri, Kafin-Hausa, Kiri-Kasamma, Hadejia, Kaugama e Mallam Madori e

Zona IV: com sede em Kazaure, inclui seis (6) áreas governamentais locais, nomeadamente Roni, Gwiwa, Babura, YanKwashi e Sule Tankarkar.

3.2 TÉCNICA DE AMOSTRAGEM

Foi utilizada uma técnica de amostragem em várias fases para selecionar os inquiridos para o estudo.

A primeira fase envolveu a seleção intencional de uma (1) Área Governamental Local de cada uma das quatro (4) Zonas Agrícolas do Estado, com base na elevada concentração da produção de sésamo na área. Por esta razão, as LGAs selecionadas são Jahun na Zona I, Gumel na Zona II, Malam Madori na Zona III, e Gwiwa na Zona IV.

A segunda fase envolveu a seleção intencional de duas (2) aldeias de cada uma das quatro (4) LGAs selecionadas, com base na preponderância de produtores de sésamo. As aldeias incluídas são Aujara e Katika na LGA de Jahun, Dan'ama e Balarabe na LGA de Gumel, Kurusku e Dakido em Malam Madori e Yola e Kwarare na LGA de Gwiwa. No total, foram selecionadas oito (8) aldeias com base na preponderância de produtores de sésamo nas respectivas aldeias.

A última fase da amostragem envolveu a seleção aleatória simples proporcional de 30% da população estimada de pequenos produtores rurais de sésamo de cada uma das aldeias selecionadas. Os inquiridos foram selecionados por votação a partir da lista de pequenos produtores de sésamo das respectivas comunidades. Isto dá um total de cento e setenta e dois (172) inquiridos para o estudo. (Ver Quadro 2)

Quadro 2: Estrutura da amostragem, dimensão da amostra e localização

Zonas agrícolas	LGA selecionado	Aldeias selecionadas		Número de produtores de sésamo	Número de produtores de gergelim selecionados
Zona I: Birnin Kudu	Jahun	i)	Aujara	87	26
		ii)	Katika	53	16
Zona II: Gumel	Gumel	i)	Dan'ama	66	20
		ii)	Balarabe	73	22
Zona III: Hadejia	Malam Madori	i)	Kurusko	76	23
		ii)	Dakido	66	20
Zona IV: Kazaure	Gwiwa	i)	Yola	80	24
		ii)	Kwarare	76	23
Total	**4**	**8**		**577**	**172**

Fonte: Inquérito preliminar, 2013

3.3 PROCEDIMENTO DE RECOLHA DE DADOS

D dados para o estudo foram recolhidos de fontes primárias. Os dados primários foram recolhidos com a ajuda de questionários estruturados administrados aos agricultores selecionados pelo investigador com a ajuda de enumeradores formados. Os dados recolhidos incluem: informação sobre as caraterísticas socioeconómicas dos inquiridos, tais como idade, sexo, nível de escolaridade, estado civil, dimensão do agregado familiar, anos de experiência, acesso a instalações de saúde, água e ocupação principal. Foram recolhidos dos inquiridos dados sobre a pobreza, tais como rendimentos, despesas e padrões de consumo.

3.4 FERRAMENTAS ANALÍTICAS

Os instrumentos analíticos utilizados para alcançar os objectivos do estudo incluem estatísticas descritivas, índices de pobreza e o modelo de regressão Logit.

3.4.1 Estatísticas descritivas

A estatística descritiva foi utilizada para analisar os dados obtidos para atingir o objetivo um (1), o objetivo (iv) e o objetivo cinco (5). Foram utilizadas estatísticas descritivas, como a distribuição de frequências e percentagens, medidas de tendência central, como a média e o erro padrão, para descrever as caraterísticas socioeconómicas dos inquiridos, descrever as estratégias de sobrevivência à pobreza e identificar os desafios associados aos pequenos agricultores rurais no estado de Jigawa.

3.4.2 Análise da pobreza:

Isto foi utilizado para atingir o objetivo (2) do estudo.

Limite de pobreza

O limiar de pobreza de 1,25 dólares americanos por dia recomendado pelo Banco Mundial para os países em desenvolvimento como base para determinar a situação de pobreza foi utilizado para estabelecer a situação de pobreza dos pequenos agricultores rurais de gergelim no Estado de Jigawa. O equivalente em naira do limiar de pobreza era de N200 ($1,25) à taxa de câmbio de N164 por 1 dólar em junho de 2014.

Medidas de pobreza P-alfa

As medidas P-alfa propostas por Foster *et al*. (1984) foram utilizadas na análise da situação de pobreza. Estas medidas incluem o índice de contagem de efectivos P_0 , o índice de diferencial de pobreza P_1 e o índice de gravidade da pobreza P_2 . A fórmula geral para esta classe de medidas de pobreza depende de um parâmetro α que assume um valor de zero (0) para a contagem de efectivos, um (1) para o diferencial de pobreza e dois (2) para o diferencial de pobreza ao quadrado. O Índice Foster Greer Thorbecke (Índice FGT) tem tido uma aplicação mais vasta em trabalhos académicos (Appleton, 1996; Ayinde *et al.,* 2002). O modelo é uma classe de medida de pobreza aditivamente decomponível. A medida engloba o índice de contagem de efectivos e o diferencial de pobreza, e fornece a medida sensível à distribuição através da escolha de um parâmetro de aversão à pobreza "α"; quanto maior for o valor de "α", maior será o peso atribuído pelo índice à gravidade da pobreza (Anyawu, 1997).

A especificação geral do modelo é apresentada de seguida:

$$P_\alpha = \frac{1}{n}\sum_{i=1}^{q}\left(\frac{z-y_i}{z}\right)^\alpha \quad (\alpha \geq 0) \qquad \text{.................................. (1)}$$

P_α = Índice de Foster Greer e Thorbecke ($0 \leq P_\alpha \geq 1$)

n = Número total de agregados familiares da amostra em causa

z = Linha de pobreza (1,25 dólares americanos por dia N200)

y_i = Despesa diária per capita do agregado familiar i th

α = Parâmetro FGT (μ $ 0)

i = agregado familiar individual

O α assume um valor de 0, 1, 2, com diferentes implicações:

Quando α = 0, mede a incidência da pobreza, α = 1 mede o diferencial de pobreza, α = 2, mede o diferencial de pobreza ao quadrado. Isto traduz-se no rácio de incidência (Anyawu, 1997), que é a proporção de agregados familiares abaixo do nível de pobreza

Índice de efectivos (P)0

Isto mede a proporção da população que é contada como pobre, muitas vezes denotada por P_0 . Formalmente,

$$P_0 = 1/n \sum_{i=1}^{n} I\,(yi<z) \quad \text{...}(2)$$

Aqui, *I* (-) é uma função indicadora que assume um valor de 1 se a expressão entre parêntesis for verdadeira, e 0 caso contrário. Assim, se a despesa *(yi)* for inferior ao limiar de pobreza *(z),* então *I (-)* é igual a 1 e o agregado familiar é considerado pobre.

Índice do diferencial de pobreza (P)1

Mede o grau em que os indivíduos, em média, se situam abaixo do limiar de pobreza e exprime-o em percentagem do limiar de pobreza. Mais especificamente, define-se o diferencial de pobreza *(Gi)* como o limiar de pobreza (*z*) menos o rendimento efetivo *(yi)* dos indivíduos pobres; considera-se que o diferencial é zero para todos os outros. Usando a função de índice, temos

$Gi = (z - yi) \times I\,(yi < z)$

Então, o índice do diferencial de pobreza *(Pl)* pode ser escrito como:

$$P_1 = 1/n \sum_{i=1}^{n} \frac{Gi}{Z} \quad \text{...}(3)$$

Hiato de pobreza ao quadrado (P)2

Calcula a média dos quadrados dos hiatos de pobreza relativamente ao limiar de pobreza. É uma das classes de medidas de pobreza de Foster-Greer-Thorbecke (FGT) que pode ser escrita como

$$P_2 = SPG = \frac{1}{n} \sum_{i=1}^{q} \left[\frac{Z - Y_i}{Z}\right]^2 \quad \text{...}(4)$$

Em que *n* é a dimensão da amostra, *z* é o limiar de pobreza, *Gi = Z-Y é* o diferencial de pobreza e α é um parâmetro; quando α é maior, o índice dá mais peso à posição dos mais pobres.

3.4.3 Modelo de regressão logit

A análise de regressão logit foi utilizada para atingir o objetivo (3); analisar os factores determinantes da pobreza entre os pequenos agricultores rurais de sésamo no Estado de Jigawa. O modelo de regressão logit é caracterizado por uma variável dependente binária com resultados mutuamente exclusivos e exaustivos. A variável dependente (Y) é a situação de pobreza dos inquiridos, que é um se forem pobres e zero caso contrário. De acordo com Maddala (1990) e Babcock et al (1995), o modelo é especificado da seguinte forma

$$Y_i = F(X_1, X_2, \ldots\ldots\ldots\ldots X_n) \ldots\ldots\ldots\ldots (5)$$

Onde:

Y_i = Variável dependente

$X_i \ldots X_n$ = Variáveis independentes

Forma implícita do modelo de regressão Logit

$$Y = f(X_1, X_2, X_3, X_4, X_5, X_6, U) \ldots\ldots\ldots\ldots (6)$$

A forma explícita do modelo foi especificada da seguinte forma:

$$Y = \alpha + \beta X_1 + \beta_2 X_2 + \beta_3 X_3 + \beta_4 X_4 + \beta_5 X_5 + \beta_6 X_6 + U \ldots\ldots\ldots\ldots (7)$$

Onde:

Y = Situação de pobreza do agricultor, (Pobre= 1, Não pobre =0): A situação de pobreza é medida pelo rácio entre o rendimento ou as despesas do agregado familiar e o limiar de pobreza, em que o índice de pobreza é definido como a proporção da diferença entre as despesas individuais e o limiar de pobreza alimentar necessário para manter uma vida saudável (Olubanjo *et al.,* 2007).

X_1 = Idade do chefe do agregado familiar em anos,

X_2 = Acesso ao ensino (formal = 1, não formal = 0)

X_3 = dimensão do agregado familiar (número de pessoas que comem da mesma panela)

X_4 = Dimensão da exploração em hectares,

X_5 = Contacto com o agente de extensão (Contacto =1, sem contacto=0)

X_6 = Rendimento agrícola anual em naira

u = termo de erro.

α = constante

β_i = coeficientes de regressão,

u = termo de erro,

Descrição das variáveis especificadas no modelo logit

O modelo usou os vários recursos do agregado familiar como factores que influenciam o estado de pobreza e os seus efeitos antecipados no estado de pobreza do agregado familiar rural são aqui apresentados: Entre os potenciais factores que influenciam a segurança alimentar dos agregados familiares,

A idade do chefe do agregado familiar (X_1): como outro fator demográfico, também foi testada para qualquer associação com a situação de pobreza. O pressuposto aqui foi que quanto maior a idade do chefe, melhor a situação de pobreza, pois pode haver mais opções de disponibilizar alimentos a partir de oportunidades agrícolas e não agrícolas.

Acesso à educação (X_2): O nível de escolaridade do chefe de família pode levar à consciencialização das possíveis vantagens da modernização da agricultura através de factores de produção tecnológicos; permitir a diversificação dos rendimentos do agregado familiar, o que, por sua vez, aumentaria a oferta de alimentos do agregado familiar

Dimensão do agregado familiar ((X_3): é um fator que se espera que tenha influência na situação de pobreza de um agregado familiar. De acordo com as evidências teóricas e empíricas dos trabalhos anteriores em países em desenvolvimento como a Nigéria, a produção agrícola de subsistência com participação limitada em actividades não agrícolas, a grande dimensão do agregado familiar exerce mais pressão sobre o consumo do que a mão de obra que contribui para a produção. A disponibilidade alimentar per capita diminui à medida que a dimensão da família aumenta devido ao crescimento demográfico. Por conseguinte, uma família numerosa está mais provavelmente relacionada com a pobreza.

Dimensão da exploração (X_4): é a superfície total cultivada pela família agrícola, medida em hectares. Quanto maior for a dimensão da exploração, mais elevado é o nível de produção. Espera-se, portanto, que os agregados familiares com maior dimensão da exploração agrícola tenham maior probabilidade de não serem pobres do que aqueles com menor dimensão da exploração agrícola. O efeito esperado no estatuto de pobreza é positivo.

Contacto com o agente de extensão (X_5): Refere-se ao tempo em que os inquiridos têm acesso aos serviços de extensão. O contacto com os serviços de extensão pode garantir o acesso a melhores tecnologias agrícolas que, por sua vez, melhoram a produção e o rendimento dos agricultores. Espera-se que a influência do contacto na situação de pobreza seja positiva.

Rendimento agrícola anual (X_6): refere-se à soma total dos ganhos do agregado familiar num ano com a atividade agrícola. Espera-se que o rendimento aumente a produção alimentar do agregado familiar e também o acesso a alimentos em maior quantidade e qualidade. O efeito esperado desta variável na situação de pobreza é positivo.

CAPÍTULO 4

RESULTADOS E DISCUSSÃO

4.1 CARACTERÍSTICAS SOCIOECONÓMICAS

As variáveis socioeconómicas são factores importantes que influenciam o desejo dos agricultores de aprenderem sobre novas tecnologias e de as adoptarem, o que poderia melhorar significativamente o seu nível de produtividade. Assim, as caraterísticas socioeconómicas dos agricultores na área de estudo foram avaliadas para compreender como essas caraterísticas afectam a produção de gergelim. As caraterísticas socioeconómicas avaliadas são: Idade, estado civil, tamanho do agregado familiar, nível educacional, ocupação entre outros. As caraterísticas socioeconómicas dos inquiridos são apresentadas no Quadro 1 abaixo:

Quadro 1: Caraterísticas socioeconómicas quantitativas dos produtores de gergelim em Jigawa

Caraterística socioeconómica	Frequência	Percentagem	Média	Desvio padrão
Idade em anos				
21-30 anos	52	30.30	37.94	10.352
31-40 anos	57	33.1		
41-50 anos	34	19.8		
51-60 anos	29	16.9		
Total	**172**	**100**		
Rendimento anual total da exploração				
25000-75000	116	67.44	67634.123	12333.333
75001-125000	31	18.02		
125001-175000	17	9.9		
175001-225000	8	4.7		
Total	**172**	**100**		
Dimensão do agregado familiar dos inquiridos				
1-5 pessoas	22	12.8	6.95	4.650
6-10 pessoas	54	31.4		
11-15 pessoas	62	36.0		
16-20 pessoas	19	11.0		
21-30 pessoas	15	8.7		
Total	**172**	**100**		

Fonte: Calculado a partir dos dados do inquérito, 2014.

Quadro 2: Caraterísticas socioeconómicas qualitativas dos inquiridos

Caraterística socioeconómica	Frequência	Percentagem
Nível de escolaridade dos inquiridos		
Nunca frequentei a escola	9	5.2
Educação de adultos	27	15.7
Escola Alcorânica	17	9.9
Escola primária	39	22.7
Escola secundária	54	31.4
Escola superior	26	15.1
Total	**172**	**100.0**
Estado civil dos inquiridos		
Individual	20	11.6
Casado	149	86.6
Viúva	2	1.2
Divorciado	1	0.6
Total	**172**	**100**
Ocupação principal		
Agricultura	130	75.6
Comércio	25	14.5
Artesãos	2	1.2
Criação de gado	15	8.7
Total	**172**	**100.0**
Ocupação fora da exploração		
Trabalho assalariado	81	47.1
Artesanato	30	17.4
Criação de animais	44	25.6
Caça	17	9.9
Total	**172**	**100.0**

Fonte: Calculado a partir dos dados do inquérito, 2014.

4.1.1 Distribuição etária dos inquiridos

De acordo com a FAO (2001); Eze e Asumgha (2005), a idade do decisor é um fator importante que influencia a mudança e aumenta a adoção de tecnologias agrícolas melhoradas. Os agricultores mais jovens aceitarão a inovação mais facilmente do que os mais velhos, uma vez que são susceptíveis de correr maiores riscos.

As caraterísticas socioeconómicas dos inquiridos por idade, na tabela 1, revelam que 29,7% se enquadram no grupo etário dos 21-30 anos, 33,1% no grupo etário dos 31-40 anos, 19,8% no grupo etário dos 41-50 anos e 16,9% no grupo etário dos 51-60 anos. A idade mínima era de 21 anos, enquanto a idade máxima dos inquiridos era de 60 anos, sendo a idade média de 38 anos, o que significa que a maioria dos inquiridos pertencia à categoria da meia-idade. Esta constatação está de acordo com as conclusões de Usman, 2009, segundo as quais 80% dos agregados familiares agrícolas tinham entre 26 e 50 anos. De acordo com a FAO, 2003, esta é a categoria de faixas etárias mais ativa e viril, com um potencial muito elevado para compromissos económicos sólidos.

4.1.2 Estado civil

O resultado sobre o estado civil mostra que cerca de 86% dos produtores de sésamo eram casados, enquanto 11,6% eram solteiros. Isto mostra que a maioria dos inquiridos era casada e implicava uma maior dimensão do agregado familiar e uma procura crescente de necessidades socioeconómicas da família em termos de alimentação, abrigo e vestuário, entre outros. Esta constatação está de acordo com as conclusões da ONU (2008), que afirma que "diferentes grupos etno-religiosos continuam a atribuir prestígio ao casamento como um indicador de responsabilidade social, verdade e realização"

4.1.3 Distribuição da dimensão do agregado familiar

A dimensão da família é o número total de indivíduos que vivem e se alimentam no mesmo agregado familiar (NPC, 2006). A dimensão do agregado familiar de qualquer inquirido determina a quantidade de mão de obra disponível para utilização. O resultado da distribuição do tamanho do agregado familiar entre os inquiridos mostrou que 36% tinham um tamanho de agregado familiar entre 5 e 10 membros, 31,4% tinham 2-5 membros, 11% tinham entre 10-15 membros e 8,7% tinham entre 8,7%, enquanto 12,8% tinham apenas um membro. A dimensão mínima do agregado familiar era de uma só pessoa, enquanto a dimensão máxima era de 25 pessoas, com uma média de 7 pessoas. Isto revela um baixo nível de sensibilização dos inquiridos para as questões de planeamento e saúde reprodutiva e implica que os agregados familiares maiores dedicam grande parte do seu rendimento às responsabilidades associadas às suas famílias numerosas, o que pode aumentar a probabilidade de os inquiridos serem pobres. Esta conclusão está de acordo com as conclusões de Ndatsa, (2005) e

Tshoho, (2005).

4.1.4 Ocupação principal dos inquiridos

A distribuição dos inquiridos com base na ocupação principal mostrou que a maioria dos inquiridos (75,6%) são apenas agricultores, 14,5% estavam envolvidos em pequenos negócios como principal fonte de subsistência, 8,7% tinham a criação de animais como ocupação principal e 1,2% eram artesãos. Isto indica que a economia rural do Estado é de natureza agrária, com muito pouca diversificação.

4.1.5 Ocupação extra-agrícola

Os resultados da distribuição das ocupações não-agrícolas dos inquiridos mostram que 47,1% dos inquiridos tinham o trabalho assalariado como ocupação secundária, 17,4% dedicavam-se ao artesanato como ocupação não-agrícola, 25,6% tinham a criação de animais como ocupação secundária e 9,9% eram caçadores. Isto implica que a maioria dos inquiridos se dedicava ao trabalho assalariado como atividade secundária geradora de rendimentos para apoiar os rendimentos das actividades agrícolas, que não podiam gerar rendimentos suficientes para apoiar os rendimentos agrícolas, tendo em conta o montante pago aos trabalhadores assalariados. Isto poderia predispor os inquiridos para uma situação de pobreza. Esta conclusão difere da do FIDA, 2004, no Inquérito de Base aos Agregados Familiares do Estado de Jigawa, em que 25% dos inquiridos se dedicavam ao comércio como ocupação secundária.

4.1.6 Nível de educação

De acordo com (Liu *et al* , 2003), a educação explica a capacidade de ler e escrever e o nível de riqueza de conhecimentos, indica o nível a que se sabe ler e escrever e é importante para criar uma atitude mental positiva em relação à adoção de inovações modernas. Os resultados revelaram que 5,2% não receberam qualquer tipo de educação, 15,7% receberam educação profissional, 9,9% receberam educação corânica, 22,7% receberam educação primária, 31,4% receberam educação secundária e 15,1% receberam educação terciária. Este resultado difere das conclusões de Usman, 2009, segundo as quais 40%, 13% e 22% dos agregados familiares agrícolas possuíam o ensino corânico, o ensino secundário e o ensino pós-secundário. Isto implica que há um aumento do número de famílias de agricultores que frequentam o ensino formal no Estado.

4.1.7 Rendimento anual da exploração

Os resultados mostraram que 67,44% ganhavam N25000-N75000 por ano com a agricultura, 18,02% ganhavam entre N75, 001 e N125,000, 9,9% tinham N125001-N17500, enquanto apenas 4,7% tinham entre N175,001-N225000. Isto mostra que a maioria dos inquiridos ganhava entre 25.000 e 75.000 com as actividades agrícolas. Isto difere do que foi relatado pelo FIDA, (2004) no inquérito de base aos agregados familiares do Estado de Jigawa, segundo o qual 64% dos agregados familiares recebiam 1000-5000 das actividades agrícolas durante uma determinada estação.

4.2 ESTATUTO DE POBREZA DOS INQUIRIDOS

Quadro 3: Incidência da pobreza entre os inquiridos

Estatuto de pobreza	**Frequência**	**Percentagem**	**P_0**	**P_1**	**P_2**
Pobres	90	52.3	0.523	0.162	0.026
Não pobre	82	47.7	0	0	0
Total	**172**				

Fonte: Calculado a partir dos dados do inquérito, 2014

A Tabela 3 apresenta a incidência de pobreza (P_0) entre os inquiridos, os resultados mostram que 52,3% dos inquiridos operam abaixo do limiar de pobreza enquanto 47,7% estavam acima do limiar de pobreza de $1,25 recomendado pelo Banco Mundial. Isto implica que havia mais agricultores rurais pobres de sésamo na área de estudo e a implicação disto é que estas famílias pobres não conseguiam satisfazer as suas despesas diárias de consumo alimentar. Este resultado difere do que Omonona, (2010) relatou onde a incidência da pobreza nos estados do noroeste da Nigéria era de 76,4% . Este resultado é também comparativamente inferior aos 74,1% de incidência de pobreza registados pelo Gabinete Nacional de Estatística em 2012.

O resultado mostra ainda que o Índice de Desvio de Pobreza (P_1) e o Desvio de Pobreza ao Quadrado (P_2) dos pobres entre os inquiridos com valores de 0,162 e 0,026 respetivamente. O valor P_1 de 0,162 ou 16,2% mostra o défice nas despesas de consumo alimentar dos inquiridos pobres; isto é, a que distância estão do limiar de pobreza. O P_2 mostra a desigualdade entre os inquiridos.

Isto implica que as despesas de consumo dos inquiridos pobres estão 16% abaixo do limiar de pobreza; ou seja, para os tirar da pobreza é necessário aumentar as suas despesas de consumo em 16,2%.

4.3 DECOMPOSIÇÃO DO ESTATUTO DE POBREZA ENTRE OS POBRES INQUIRIDOS

Os resultados do quadro 4 apresentam a situação de pobreza dos pequenos produtores rurais de sésamo na zona de estudo, segundo as caraterísticas socioeconómicas.

Quadro 4: Decomposição do estatuto de pobreza entre os inquiridos pobres

Variável socioeconómica	Demarcação	Incidência $(P)_0$	Profundidade $(P)_1$	Gravidade $(P)_2$	Contagem de cabeças
Por idade	Todas as idades	0.523	0.162	0.026	90
	21-30 anos	0.333	0.120	0.014	18
	31-40 anos	0.363	0.172	0.029	34
	41-50 anos	0.596	0.174	0.030	12
	51-60 anos	0.897	0.178	0.032	26
Por estado civil	Todos	0.520	0.162	0.026	90
	Individual	0.150	0.069	0.005	3
	Casado	0.584	0.265	0.070	87
Por nível de ensino	Todos	0.523	0.162	0.026	90
	Nenhum	1.000	0.185	0.034	9
	Educação de adultos	0.704	0.172	0.029	19
	Educação Alcorânica	0.590	0.222	0.049	7
	Ensino primário	0.412	0.123	0.015	23
	Ensino secundário	0.462	0.121	0.016	20
	Ensino superior	0. 370	0.112	0.013	12
Por dimensão do agregado familiar	Todos	0.523	0.162	0.026	90
	1-5pessoas	0.091	0.076	0.006	2
	6-10pessoas	0.370	0.540	0.292	20
	11-15pessoas	0.629	0.185	0.034	39
	16-20 pessoas	0.733	0.341	0.116	18
	21-30 pessoas	0.947	0.920	0.846	11

Fonte: Calculado a partir dos dados do inquérito, 2014

O limiar de pobreza adotado para este estudo foi de N200 ($1.25.0USD) por dia em 2014, conforme recomendado pelo Banco Mundial. Este valor foi comparado com as despesas de consumo per capita. O resultado das estimativas sobre a pobreza mostra que 52,3% dos produtores rurais de gergelim estavam abaixo do limiar de pobreza, contra 43,4% de pobreza rural registada por (Oseni e McGee, 2010). Como indicado no quadro 4, o grupo de inquiridos mais suscetível à pobreza era o dos produtores de gergelim com idades compreendidas entre os 51 e os 60 anos, que apresentavam 89,7%, 0,178 e 0,032 de incidência, profundidade e gravidade da pobreza, respetivamente. O grupo etário dos 31-40 anos segue-se com 59,6% de incidência de pobreza e 0,174 de profundidade de pobreza. Os valores de Pi e P2 confirmaram a situação de pobreza entre estes grupos etários, o que difere das conclusões de (Omonona, 2009) que afirmou que à medida que a idade do chefe de família aumenta, o bem-estar melhora no noroeste da Nigéria. Isto implica que, à medida que a idade aumenta, a situação de pobreza se agrava, podendo a elevada incidência ser atribuída às famílias numerosas mantidas pelos inquiridos. Quanto maior for a idade, maior é a probabilidade de os inquiridos terem um agregado familiar numeroso. O grupo etário 2130 anos foi o menos afetado pela pobreza, com uma incidência de 33,33%.

A pobreza era mais elevada entre os inquiridos casados, com mais de 58,4% de incidência de pobreza. A maioria dos inquiridos casados vive abaixo do limiar de pobreza devido à pressão das despesas familiares sobre o rendimento dos inquiridos e à dimensão relativa do agregado familiar.

Todos (100%) os produtores rurais de sésamo que não tinham qualquer instrução apresentam uma incidência de pobreza de 100%, enquanto os que tinham ensino profissionalizante tinham 70,4%, o ensino corânico tinha 59%, o ensino primário tinha 41% e o ensino secundário tinha 46,2% de incidência de pobreza, respetivamente. No entanto, as pessoas com ensino superior registaram 37% de incidência de pobreza. A profundidade e a gravidade da pobreza são menores para as pessoas com nível de ensino superior e secundário, o que está de acordo com as conclusões de Akerele e Adewuyi, 2010, segundo as quais a melhoria do nível de ensino das famílias reduz a vulnerabilidade à pobreza.

As implicações deste facto reflectem a importância do desenvolvimento do capital humano para os esforços de redução da pobreza na Nigéria. A Tabela 4 também mostra que os agregados familiares com 2-5 membros não são seriamente afectados pela pobreza. A incidência da pobreza para o grupo é de 37%, enquanto a incidência para os agregados familiares com 5-10 membros é de 62,9%, com uma elevada profundidade e gravidade da pobreza de 0,185 e 0,750, respetivamente. Os agregados familiares com 10-15 membros têm a maior incidência, profundidade e gravidade da pobreza ao mesmo tempo. Apresentavam 94,7% da incidência da pobreza, 0,92 de profundidade e 0,770 de gravidade. Isto compara-se favoravelmente com as conclusões de (Omonona, 2009) no seu estudo sobre a pobreza rural na Nigéria e observou que a dimensão dos agregados familiares grandes reduz o bem-estar na Nigéria rural.

4.4 ESTATUTO DE POBREZA SEGUNDO A LOCALIZAÇÃO DOS INQUIRIDOS

Quadro 5: Tendências do perfil de pobreza dos inquiridos pobres nos vários locais

O Quadro 5 apresenta a situação da pobreza em cada local da área de estudo,

Área do Governo Local	Cidade/Aldeia	P_0	P_1	P_2	Contagem de cabeças
Jahun	Aujara	0.62	0.34	0.116	16
	Katika	0.75	0.23	0.053	12
					28
Gumel	Dan'ama	0.66	0.113	0.012	12
	Balarabe	0.41	0.19	0.036	9
					21
Malam Madori	Kurusko	0.47	0.14	0.019	11
	Dakido	0.40	0.11	0.026	8
					19
Gwiwa	Yola	0.68	0.22	0.048	17
	Kwarare	0.45	0.21	0.044	9
					27
Total de efectivos					**90**

Fonte: Calculado a partir dos dados do inquérito, 2014

Os resultados mostram que o índice de contagem de efectivos foi elevado nas aldeias de Yola e Katika das Áreas Governamentais Locais de Gwiwa e Jahun com P_0 de 0,68 e 0,75 respetivamente, o índice de fosso de pobreza (P_1) de 0,22 e 0,23 provou ainda mais a profundidade da pobreza na área. Isto implica que há mais pobres pequenos agricultores rurais de sésamo nas áreas do que em qualquer outro local. O diferencial de pobreza e o índice de gravidade comprovaram ainda mais a situação de pobreza na zona.

Seguiram-se as aldeias de Dan'ama e Aujara com valores de índice de contagem de efectivos (P_0) de 0,66 e 0,62 respetivamente. No entanto, os valores de P_1 de 0,34 para Aujara foram os mais elevados do grupo, e os valores de P_2 de 0,116 mostram ainda que os inquiridos em Aujara são os mais afectados pela pobreza.

A análise da contagem de efectivos por região da administração local mostra que havia mais pequenos agricultores pobres na região da administração local de Jahun do que em qualquer outra região da administração local, representando 33,11% da incidência da pobreza

4.5 DIMENSÃO INFRA-ESTRUTURAL DA POBREZA

Tabela 6: Distribuição do acesso dos inquiridos a infra-estruturas básicas

Infra-estruturas	Frequência	Percentagem
Acesso ao centro de saúde		
Acesso	164	95.30
Sem acesso	8	4.70
Total	**172**	**100**
Acesso a água potável		
Acesso	170	98.8
Sem acesso	2	1.2
Total	172	100
Acesso à escola		
Acesso	172	100
Sem acesso	0	0
Total	**172**	**100**
Estradas		
Acesso	109	63.37
Sem acesso	63	36.62
Total	**172**	**100**
Eletricidade		
Acesso	6	3.48
Sem acesso	166	96.51
Total	**172**	**100**
Natureza da habitação		
Casa de barro com cobertura de zinco	88	51.20

Casa de barro com telhado	47	24.40
Casa de cimento com cobertura de zinco	20	11.60
Casa de palha	22	12.80
Total	**172**	**100**

Fonte: Calculado a partir dos dados do inquérito, 2014

De acordo com o Banco Mundial (2001), os pobres são descritos como aqueles que não conseguem satisfazer as suas necessidades básicas de alimentação, vestuário e abrigo, não conseguem cumprir as obrigações sociais e económicas, não têm emprego remunerado e estão privados de acesso a instalações básicas. A análise das instalações e infra-estruturas de base entre os pequenos produtores rurais de sésamo, apresentada no quadro 6, mostra que 95,3% tinham acesso a instalações de cuidados de saúde, 98,8% tinham acesso a água potável, 100% tinham acesso à escola e 63,37% tinham acesso a estradas. Em suma, o acesso a instalações básicas indica que os inquiridos têm um acesso relativamente substancial a estas infra-estruturas básicas. No entanto, a análise do acesso à eletricidade mostra que a maioria dos inquiridos tinha um acesso deficiente à eletricidade, uma vez que 96,51% não tinham acesso.

Os resultados relativos à natureza da habitação indicam que 51,2% tinham uma casa de barro com cobertura de zinco, 24,4% tinham uma casa de barro com cobertura de colmo, 12,8% tinham uma casa de colmo e apenas 11,60% tinham uma casa de cimento com cobertura de zinco. A natureza da habitação entre os pequenos agricultores rurais precisa seriamente de ser melhorada.

4.6 ANÁLISE DE REGRESSÃO LOGIT

Quadro 7: Estimativas de regressão para os determinantes do estatuto de pobreza

Variável	Beta	S.E	Valor T
Idade	0.126	0.055	0.022**
Total Dimensão do agregado familiar	0.261	0.131	0.047**
Dimensão da exploração	-0.813	0.285	0,594NS
Rendimento anual total do sésamo	0.000	0.000	0.000*
Acesso ao serviço de extensão	-2458	0.961	0.011**
Acesso à educação formal	-4.176	0.971	0.000*
Constante	0.879	2.847	0,758NS

-2 log likelihood = 45,122, Nagekerke (R^2) = 0,90

*** Significativo a 10%, **Significativo a 5% l, *Significativo a 1%, NS = não significativo
As estimativas da regressão logit no Quadro 7 mostram que cinco (5) das seis variáveis incluídas no modelo foram significativas na explicação das determinantes socioeconómicas da situação de pobreza entre os agregados familiares rurais de pequenos agricultores na área de estudo. A idade, a dimensão total do agregado familiar, o rendimento agrícola anual total, o acesso aos serviços de extensão e o acesso à educação formal foram as variáveis significativas que influenciaram a situação de pobreza na área de estudo.

A dimensão do agregado familiar dos produtores rurais de sésamo foi significativa a 5% ($P<0,05$), mas positivamente relacionada com a situação de pobreza. Isso implica que o aumento do tamanho do agregado familiar aumentaria a probabilidade de o agregado familiar ser pobre em 0,301 (30,1%). Isto está de acordo com as conclusões de Akelere e Adewuyi (2011), segundo as quais o aumento dos rácios de dependência aumentará a probabilidade da situação de pobreza. Oluransanya, 2011, também observou que o aumento da dimensão do agregado familiar resulta na incapacidade dos recursos disponíveis para satisfazer as suas necessidades. Esta constatação é coerente com a expetativa apriori de que o aumento do número de dependentes poderia predispor o agregado familiar para a situação de pobreza.

O rendimento agrícola anual total revela uma relação positiva significativa a 5% ($P<0,05$). Isto sugere que as nairas adicionais ganhas pelas famílias diminuiriam a probabilidade de serem pobres.

Verificou-se que o acesso aos serviços de extensão tem uma relação negativa significativa com a situação de pobreza dos inquiridos a um nível de significância de 5% ($P<0,05$). Isto é consistente com a expetativa a priori de que o acesso aos serviços de extensão iria expor os inquiridos a melhores tecnologias agrícolas, melhorando assim o seu nível de produção e rendimento.

Existe uma relação negativa significativa entre o acesso à educação formal e o estatuto de pobreza. Isto é consistente com a expetativa apriori e com as conclusões de alguns autores, como Nwaru (2004), Sengul e Tuncer (2005), Elijah e Ogunlade (2006) e Owuor *et al,* (2007), segundo as quais, à medida que o nível de educação do chefe de família aumenta, o nível de pobreza diminui. A educação aumenta a capacidade de obter, descodificar e avaliar informações úteis, bem como melhora a qualidade do trabalho, como refere Onyenweaku (1991).

A idade estava significativamente relacionada com a situação de pobreza dos inquiridos. Esta conclusão difere da de Omonana (2010), segundo a qual a idade não é considerada uma variável importante na determinação da situação de pobreza, tal como referido por Omonana (2010), segundo o qual, à medida que a idade aumenta, o bem-estar melhora nos agregados familiares do Noroeste e do Sudeste, mas diminui no Sul-Sul da Nigéria rural.

A dimensão da exploração agrícola não estava significativamente relacionada com o estatuto de pobreza dos inquiridos.

4.8 ESTRATÉGIAS DE LUTA CONTRA A POBREZA

Quadro 8: Distribuição das estratégias de luta contra a pobreza

Estratégias de enfrentamento	**Frequência	Percentagem (%)	Classificação
Venda de activos	98	56.97	1st
Trabalho assalariado	86	50	2nd
Pedir alimentos emprestados aos amigos	36	20.93	3rd
Saltar refeições	26	15.1	4.o
Consumo de alimentos menos preferidos	19	11	5th
Reduzir a qualidade da refeição	12	7	6th
Alimentação suplementar	5	2.9	7th
Total	**	**	

Fonte: Inquérito, 2013 ** Respostas múltiplas

A Tabela 8 apresenta as estratégias de luta contra a pobreza adoptadas pelos inquiridos. O resultado mostra que 56,97% dos inquiridos vendem os seus activos líquidos e 50% trabalham por conta de outrem. A medida de luta contra a pobreza menos classificada foi a alimentação suplementar (2,9%). Assim, a estratégia de luta contra a pobreza mais frequentemente utilizada foi a alienação dos seus activos mais líquidos, como o gado e os cereais. Isto implica que existe um número limitado de actividades geradoras de rendimento fora da exploração agrícola, o que obriga os inquiridos a recorrerem à alienação dos seus bens para obterem rendimentos que lhes permitam satisfazer as suas necessidades domésticas básicas.

4.8 DESAFIOS ASSOCIADOS À PRODUÇÃO DE SÉSAMO

Tabela 9: Desafios associados à produção de gergelim

Problemas	Frequência*	Percentagem	Classificação
Preço elevado dos factores de produção	139	81	1st
Acesso limitado à informação sobre o mercado/mercado deficiente	133	77.9	2nd
Seca/insuficiência de precipitação	129	75.4	3rd
Infestação de pragas e doenças	124	72.6	4.o
Acesso limitado a sementes melhoradas	114	66.66	5th
Acesso limitado a ferramentas de preparação da terra	113	58.666	5th
Escassez de mão de obra	57	33.9	6th
Murchamento após a germinação	33	19.18	9th
Total	***n>172**	*	

Fonte: Inquérito, 2013 *Respostas múltiplas

O quadro 9 apresenta os desafios associados à produção de gergelim. Os produtores de gergelim enumeraram vários problemas que consideraram estar associados à produção de gergelim. Os três problemas mais importantes mencionados foram o preço elevado dos factores de produção - principalmente fertilizantes e sementes -, o acesso limitado à informação de mercado/mercado pobre e a insuficiência de precipitação. Como resultado da falta de informação sobre os preços em particular e sobre as necessidades e exigências do mercado em geral, os produtores não têm certezas sobre os potenciais benefícios que podem obter com a produção de gergelim e, por isso, evitam frequentemente correr riscos e investem em factores de produção dispendiosos para aumentar a produção e a produtividade da semente.

CAPÍTULO 5

RESUMO, CONCLUSÕES E RECOMENDAÇÕES

5.1 RESUMO

O estudo examinou a situação de pobreza entre os pequenos agricultores rurais que cultivam gergelim em algumas zonas governamentais locais selecionadas do Estado de Jigawa, na Nigéria. Os objectivos específicos eram descrever as caraterísticas socioeconómicas dos pequenos produtores rurais de sésamo na área de estudo; determinar a situação de pobreza entre os inquiridos; analisar os factores determinantes da situação de pobreza entre os inquiridos; descrever as estratégias de luta contra a pobreza adoptadas e identificar e descrever os desafios da produção de sésamo.

A análise das caraterísticas socioeconómicas dos pequenos produtores rurais de sésamo indica que todos os inquiridos eram do sexo masculino (100%). 33,1% dos inquiridos tinham entre 31 e 40 anos de idade, com uma idade média de 38 anos. O resultado mostra ainda que cerca de 86% dos produtores de sésamo eram casados, enquanto 11,6% eram solteiros. Isto mostra que a maioria dos inquiridos era casada. O resultado da distribuição do tamanho do agregado familiar entre os inquiridos mostrou que 36% tinham um agregado familiar com 5 a 10 membros. O tamanho médio do agregado familiar era de 7 pessoas. Isto implica que a maioria dos inquiridos tinha um agregado familiar relativamente grande, o que poderia aumentar o risco de a probabilidade de pobreza do agregado familiar ser elevada devido às elevadas exigências domésticas. Os resultados revelaram ainda que 5,2% não receberam qualquer tipo de educação, 15,7% receberam educação profissional, 9,9% receberam educação corânica, 22,7% receberam educação primária, 31,4% receberam educação secundária e 15,1% receberam educação terciária.

Os resultados das estimativas sobre a pobreza mostram que 52,3% dos pequenos agricultores rurais de gergelim operavam abaixo do limiar de pobreza. O grupo de inquiridos mais suscetível à pobreza era o dos produtores de sésamo com idades compreendidas entre os 51 e os 60 anos, com 89,7% de incidência de pobreza. Seguiu-se o grupo etário dos 31-40 anos, com 59,6% de incidência de pobreza.

Os valores de P1 e P2 confirmam o estatuto de pobreza entre estes grupos etários.

Os produtores de gergelim enumeraram vários problemas que consideravam estar associados à produção de gergelim. Os três problemas mais importantes mencionados pelos inquiridos são o preço elevado dos factores de produção - principalmente fertilizantes e sementes -, o acesso limitado à informação de mercado/mercado deficiente e a seca/insuficiência de chuvas.

As estimativas de regressão mostram que a idade, a dimensão do agregado familiar e o acesso aos serviços de extensão são estatisticamente significativos a um nível de significância de 5%. O rendimento agrícola anual total e o acesso à educação formal foram significativos a 1%.

5.2 CONCLUSÃO

O estudo revelou que todos os pequenos agricultores de sésamo eram do sexo masculino na área de estudo. Isto implica que a produção de gergelim é dominada por homens na área de estudo, sem qualquer envolvimento feminino, apesar das suas perspectivas de ajudar as mulheres a sair da pobreza devido à sua vulnerabilidade, uma vez que a produção de gergelim é menos intensiva em termos de mão de obra que as mulheres podem empreender.

A maioria dos pequenos agricultores de gergelim estava na sua fase ativa e produtiva, pelo que há perspectivas de manter a produção de gergelim para melhorar as condições de vida, uma vez que uma maior proporção deles é economicamente ativa. A principal atividade geradora de rendimentos fora da exploração era o trabalho assalariado. Esta não é suficiente para sustentar o rendimento agrícola dos pequenos agricultores de sésamo, tendo em conta o valor do trabalho assalariado durante a época baixa, devido à sua relativa abundância durante os anos nas comunidades rurais.

A incidência global da pobreza foi baixa em comparação com as conclusões do Gabinete Nacional de Estatística sobre a situação da pobreza na área de estudo. Isso implica que a incidência da pobreza foi menor entre os pequenos agricultores de gergelim, mas a incidência da pobreza ainda é alta. O défice foi demonstrado pelo índice de défice de pobreza de 0,162, indicando que as despesas de consumo são inferiores ao limiar de pobreza em 16,2%. Isto implica que, para tirar os pequenos agricultores pobres de gergelim da pobreza, as suas despesas de consumo per capita devem ser aumentadas na proporção do índice do fosso de pobreza. O valor quadrático do diferencial de pobreza de 0,026 mostra o nível de desigualdade entre os inquiridos.

Os factores socioeconómicos que influenciam a probabilidade de pobreza são a dimensão total do agregado familiar, o acesso à educação formal, o rendimento agrícola anual total e o acesso aos serviços de extensão. Isto implica que o aumento proporcional destas variáveis diminui a probabilidade de os pequenos agricultores de gergelim serem pobres.

Os principais constrangimentos identificados na área de estudo foram o custo dos insumos e a escassez de mercados. Isto implica que um melhor acesso aos factores de produção, particularmente aos fertilizantes, e um melhor acesso ao mercado por parte dos pequenos agricultores de gergelim melhoraria significativamente o rendimento e reduziria a vulnerabilidade dos pequenos agricultores de gergelim à situação de pobreza. As principais estratégias de combate à pobreza adoptadas pela maioria dos inquiridos foram o recurso ao trabalho assalariado. Isto implica que existe uma disponibilidade muito limitada de actividades geradoras de rendimentos fora da exploração agrícola para os inquiridos, limitando assim a sua fonte de rendimento e aumentando a vulnerabilidade à situação de pobreza.

5.3 RECOMENDAÇÕES

Com base nas conclusões do estudo, foram feitas as seguintes recomendações para reduzir a pobreza entre os pequenos produtores rurais de sésamo no Estado de Jigawa:

i) Os esforços de redução da pobreza desenvolvidos pelo governo devem ter em conta a agilidade dos pequenos agricultores de sésamo, que oferece perspectivas de manutenção da produção de sésamo.

ii) O governo deveria envidar esforços para melhorar a qualidade e o acesso à educação por parte dos pequenos agricultores de sésamo, devido à sua forte influência na determinação do estatuto de pobreza.

iii)Os esforços de redução da pobreza entre os pequenos produtores rurais de sésamo devem ter em conta a influência de melhores serviços de extensão, fornecendo aos agricultores melhores tecnologias de produção, como a gestão da fertilidade dos solos, utilizando recursos locais e proporcionando-lhes acesso ao financiamento.

iv)Devem ser envidados esforços para reduzir o custo dos factores de produção, tais como os fertilizantes, uma vez que a maioria dos agricultores de recursos rurais não pode comprar fertilizantes a preços exorbitantes no momento em que necessitam.

v) Devem ser feitos esforços para criar actividades sustentáveis geradoras de rendimento fora da exploração agrícola para apoiar o rendimento da exploração agrícola, a fim de minimizar a necessidade de forçar os inquiridos a vender os seus bens mais queridos como medida de combate à pobreza.

vi)Para resolver o problema da comercialização do gergelim, que se prende sobretudo com a falta de informação sobre o preço do produto, os pequenos agricultores devem ser incentivados a formar uma sociedade cooperativa de produtores de gergelim, a fim de controlar os baixos preços oferecidos aos agricultores pelos comerciantes. Esta associação deve ligar os agricultores diretamente aos principais compradores do produto, sem a participação de terceiros.

vii) Os agricultores devem ser incentivados a celebrar contratos de agricultura para garantir a venda da produção a preços razoáveis.

viii) Deve ser fornecida informação aos pequenos agricultores de sésamo sobre a altura adequada para a plantação do gergelim, a fim de mitigar a perda de sementes em resultado da cessação da chuva.

ix)Verificou-se que os agregados familiares maiores têm uma maior incidência, profundidade e gravidade da pobreza, e que a sensibilização para os conhecimentos sobre saúde reprodutiva pode permitir que os chefes de família tomem decisões de qualidade relativamente ao tamanho da sua família.

REFERÊNCIAS

Abdullah, N.M. (2009). Nigéria: A cultura de sementes de sésamo pode criar 1 milhão de empregos e 1,5 mil milhões de dólares para os estados do Norte. Abuja

Aigbokhan, B. E. (2000). "Poverty, Growth and Inequality in Nigeria: A Case Study". Consórcio Africano de Investigação Económica, Documento de Investigação 102.Nairobi, novembro.

Anyawu, J.D., (1997). Pobreza na Nigéria: Concepts, Measurements and Determinants. In: Obaseki, P.J. (Eds.), Poverty Alleviation in Nigeria. *Actas da Conferência Anual da Sociedade Económica da Nigéria. Abuja.*

Antai, A. S. (2007). Em busca de uma nação livre de corrupção - um novo paradigma para o desenvolvimento sustentado na Nigéria. *Revista Internacional de Cultura Africana, Política e Desenvolvimento, 2 (5), 21 - 51.*

Akerele, D & Adewuyi, S.A., A. (2011). Analysis of Poverty Profiles and Socioeconomic Determinants of Welfare among Urban Household of Ekiti State, Nigeria (Análise dos perfis de pobreza e dos determinantes socioeconómicos do bem-estar nos agregados familiares urbanos do Estado de Ekiti, Nigéria). *Current Research Journal of Social Sciences, 5*(1), 1-7.

Appleton, S. (1996) "Problems of measuring changes in poverty over time: the case of Uganda 1989-1992", Institute of Development Studies Bulletin, 27(1): 43-55

Ayinde (2002) in Appleton, S, (1996). Women-headed households and household welfare: An Empirical Deconstruction for Uganda. World Dev., 24(12): 18111827.

Babcock, B.A., Chaherli, N.M., e P.G. Lakshminarayan. (1995). Programme Participation and Farm-level adoption of conservation tillage: Estimates from a multinomial Logit model. Documento de trabalho 95-WP136, Centre for Agricultural and Rural Development, Iowa State University, Ames, Iowa.

Beets, W.C. (1990). Raising and Sustaining Productivity of Small-holder Farming Systems in the Tropics (Aumento e Manutenção da Produtividade dos Sistemas Agrícolas de Pequenos Agricultores nos Trópicos). AgBe Publishing, Holanda.

Broca, S.S.(2002). "Food Insecurity, Poverty and Agriculture: A Concept Paper" Agricultural and Development Economics Division; The Food and Agriculture Organisation of the United Nations, ESA Working Paper No.02-15, September , 2002 retrieved from www.fao.org/es/esa

Blackwood, K. e Lynch, C. (1994). "The Measurement of Inequality and Poverty: A Policy Maker's Guide to the Literature", *World Development 22(4):567 - 578.*

Caimcross, S. (1990). 'The Urban Context' em Caimcross, S., Hardoy, J. E. e Satterthwaite D. (eds), The Poor Die Young: Housing and Health in the Third World, Earthscan, Londres. Pp.1-24.

Cece Laki (1985) "The Rural Energy Crisis, Women's work and Basic Needs: Perspectives and Approaches of Action" Programa de Investigação sobre Política de Emprego Rural da OIT. Relatório de Cooperação Técnica, Genebra. OIT.

Collier, S. D. (2003). Economic Development. 3ª ed. Pearson Education, Nova Deli

Dasgupta P. (1993) An Inquiry into well-being and Destitution, Oxford Clarendan Press.

Elijah, O.A. e Ogunlade, I. (2006). "Analysis of the Uses of Information and Communications Technology for Gender Empowerment and Sustainable Poverty Alleviation in Nigeria". *Revista Internacional de Educação e Desenvolvimento com recurso às TIC.* 2 (3). 36pp.

Englena, D. e Bamidele, A. (1997). "Measurement Issues in Poverty". *Artigos selecionados da conferência anual da Sociedade Económica Nigeriana.*

Eubuamwam, G.O. (1997). "Poverty Alleviation through Agricultural Projects: A Review of the Concept of the Work Bank-Assisted Agricultural Development Projects in Nigeria" *Bullion: Uma publicação do Banco Central da Nigéria.Vol.21, No.3.P.25- 39.*

Serviço Federal de Estatística (1999). Poverty and Agricultural Setor in Nigeria. Instituto Federal de Estatística, Abuja, Nigéria

Falconer e Arnold (1989) "Household Food Security and Forestry: An Analysis of Socio-Economic Issues". FAO, ROMA.

Foster, J., Greer, J. e Thorbecke, E(1984) A Class of Decomposable Poverty Measures. Econometrica 52:761-766.

Organização para a Alimentação e a Agricultura, FAO (2001) Production, Accessibility, Marketing and Consumption Patterns of Freshwater Aquaculture Products in Asia. A CrossCountry Comparison, FAO Fisheries Circular No.973. Retirado de http://www.fao.org/decrep/004/y2876e0j.htn

IFPRI (2001). "Relatório sobre a pobreza". Acedido a partir de www.ifpri.org

IFAD (2001). Enabling Poor Rural people Overcome Poverty. Acedido a partir de http://www.ruralpovertyportal.org

IFAD. (2010). Enabling Rural Poor People to Overcome *Poverty*. Abuja: Fundo Internacional para o Desenvolvimento Agrícola.

FIDA (2012). Enabling Poor Rural people Overcome Poverty (Capacitando a população rural pobre a superar a pobreza). Acedido a partir de http://www.ruralpovertyportal.org

IFAD (2012). Relatório do Inquérito de Base aos Agregados Familiares do Estado de Jigawa. Programa de Desenvolvimento Rural e Agrícola de Base Comunitária do FIDA (CBARD).

Inc., C. I. (2002). Overview of the Nigerian Sesame Industry (No. USAID PCE-I-00-99- 00003-00). Abuja: Agência dos Estados Unidos para o Desenvolvimento Internacional (USAID)/Nigéria.

Ikotun, O.O. (2002). Análise económica da produção de sésamo fresco na metrópole de Ibadan, Estado de Oyo. Uma tese de licenciatura não publicada no Departamento de Economia Agrícola, Universidade de Ibadan, Nigéria.

JARDA (2005), Autoridade de Desenvolvimento Agrícola e Rural do Estado de Jigawa, Boletim de Informação Geral, p. 2, 3.

JSMOA (2013). Ministério da Agricultura do Estado de Jigawa. Estratégia setorial a médio prazo (MTSS) 2014-2016

Keshiro, O.R., 2004. A Comparison of the determinants of poverty among fishing Communities in Lagos State, Nigeria. Uma tese de licenciatura não publicada no Departamento de Economia Agrícola, Universidade Olabisi Onabanjo, Ago Iwoye.

Kudi, T.M. (2005). Economic Analysis of Sesame Production and Marketing in Jigawa State, Nigeria (Análise económica da produção e comercialização de sésamo no Estado de Jigawa, Nigéria). Tese de doutoramento não publicada, Departamento de Economia Agrícola e Sociologia Rural, Universidade Ahmadu Bello de Zaria, Nigéria

Liu. Y, Gao. J, e Yang .Y (2003). A historical approach towards assessment of severity of land Degradation along the Great Wall in Northern Shaanxi province, China. Environ Monit Assess82:187-202.

Maddala, G.S. (1990). **Limited Dependent and Quantitative Variables in Econometrics (Variáveis Dependentes e Quantitativas Limitadas em Econometria).** Cambridge: Cambridge University Press. Pp 21-65.

Mahbab Ul Haq, (1989). "People in Development" in The Caracas Report on Alternative

Development Indicators, Redefining Wealth and Progress: New Ways to Measure Economic, Social and Environmental Change, The Bootstrap Press, Nova Iorque. Pp. 18-19

NBS (2010) , National Bureau of Statistics. *Perfil da Pobreza na Nigéria.* Abuja.

NBS (2012) Gabinete Nacional de Estatística. *Perfil da pobreza na Nigéria.* Abuja.

Narayan, D. e Chambers, R. (2000). "Voices of the Poor, Can Anyone Hear Us?" (Vozes dos Pobres, Alguém Pode Ouvir-nos?). New York University Press.

NPC (2006), National Population Commission, Provisional Census Figure for Jigawa State. Governo Federal da Nigéria, Abuja.

Ndanitsa, M.A.(2005). Economia da produção de culturas de fadama no estado do Níger, Nigéria. Tese de mestrado não publicada, Departamento de Economia Agrícola e Gestão Agrícola, Universidade de Illorin, Nigéria. Pp15.

Njeru,E. H.N. (2005):Bridging the Qualitative and quantitative Methods in Poverty analysis Actas do Instituto do Quénia para a Investigação e Análise de Políticas Públicas (KIPPRA); Métodos Quantitativos e Qualitativos para a Análise da Pobreza. KIPRA 2005

Nwaru, J.C. (2004). "Rural Credit Markets and Resource Use in Arable Crop Production in Imo State, Nigeria". Dissertação de doutoramento. Universidade de Agricultura Michael Okpara, Umudike, Estado de Abia, Nigéria.

Obadan, M. O. (1997). "Analytical framework for Poverty Reduction: Issues of Economic Growth versus other Strategies". *Actas da Conferência Anual da Sociedade Económica Nigeriana*

Odhiambo, W., Omiti, J. M. & Muthaka, D.I (Eds.). (2005) Proceedings of Kenya Institute for Public Policy Research and Analysis (KIPPRA); Quantitative and Qualitative Methods for Poverty Analysis. KIPRA 2005.

Okunmadewa, F. (1997). Alívio da Pobreza na Nigéria: The International Dimension. Em "Poverty Alleviation in Nigeria" (Oloyede, Ed). Actas da Conferência Anual da Sociedade Económica Nigeriana de 1997, pp 287-300.

Okuneye, P.A.(2002). The Rising Cost of Food/Food Insecurity in Nigeria and Its Implication for Poverty Reduction (O aumento do custo da alimentação/insegurança alimentar na Nigéria e as suas implicações para a redução da pobreza). Economic and Financial Review: Uma publicação do Banco Central da Nigéria, Vol.39, No.4, P.88-110.

Ohida, A.I (2006). Socioeconomic Analysis of Food Security and Poverty Status of Rural Household in Kano State, Tese de Mestrado não publicada, Universidade Bayero, Kano

Olayemi, J. K. (1995). "A survey of approaches to poverty alleviation." Documento apresentado no Workshop nacional do NCEMA sobre a integração de estratégias de alívio da pobreza em planos e programas na Nigéria. NCEMA, Ibadan, Nov-Dez 1995.

Olayemi, J. K. (2012). Uma Pesquisa de Abordagens para o Alívio da Pobreza. Um documento apresentado no Workshop Nacional da NCEMA sobre Integração do Alívio da Pobreza 2012.

Olubanjo, O.O, Akinleye, S.O e Soremekun, W.A. (2007). "Poverty Determinants among Farmers in Ogun State," (Determinantes da pobreza entre os agricultores do Estado de Ogun). *Medwell Agricultural Journal* 2 (2): 275 -280.

Oluransanya, E.O, A.Falola e F.S. Ogundeji (2011). Comparative Analysis of Poverty Status of Rural and Urban Households in Kwara State, Nigeria (Análise comparativa do estatuto de pobreza dos agregados familiares rurais e urbanos no Estado de Kwara, Nigéria). *Revista Internacional de Economia Agrícola e Desenvolvimento Rural-4(2):2011*

Omonona, B. (2009) Quantitative Analysis of Rural Poverty in Nigeria (Análise quantitativa da pobreza rural na Nigéria). Em I. F. P. R. Institute (Series Ed.). *Programa de Apoio à Estratégia da*

Nigéria (pp. 46). Abuja: Instituto Internacional de Investigação sobre Políticas Alimentares (IFPRI) -ABUJA.

Onyenweaku, C.E e Mbuba, A.C. (1991). "The Adoption of the Seed-Yam Minisett Multiplication Technique by Farmers in Anambra State, Nigeria" [A Adoção da Técnica de Multiplicação de Sementes de Inhame em Miniset pelos Agricultores do Estado de Anambra, Nigéria]. *Nigerian Journal of Agricultural Extension* 6 (1 & 2):26-33.

Ogunlela, V.B., Ogungbile, A. O., (2006). Aliviar a pobreza rural na Nigéria: Um desafio para o Sistema Nacional de Investigação Agrícola. Conferência Trope tag 2006. Recuperado de www.tropentag.de/2006/abstracts/full/614.pdf.

Oseni, G., & McGee, K. (2014). *Nigeria Agriculture and Poverty (Agricultura e Pobreza na Nigéria).* Nova Iorque: Banco Mundial.

Owuor, G., Ngigi, M., Oumaand, S e Birach, E.A. (2007). "Determinants ofRural Poverty in Africa: The Case of Small Holder Farmers in Kenya". *Journal of Applied Sciences* 7 (17): 2539-2543.

Oyeshola, D. (1998) Politics of International environmental Regulations, Daily Graphics Publications, Ibadan.Pp. 62-84

Oyeshola, D. (2007). 'Situações de conflito ambiental e sua resolução na Nigéria: The Role of NGOs and International Organizations" sendo um documento apresentado na Conferência da Society for peace Studies and Practice, Abuja, 23-25 de janeiro de 2007.

Phillip, D., Nkonya, E., Pender, J., e Omobowale, A. O., (2009). "Constraints to Increasing Agricultural Productivity in Nigeria: A Review". Documento de referência n.º NSSP 006 para o Programa de Apoio à Estratégia da Nigéria (NSSP)

Ravallion, M. (1998), "Poverty Lines in Theory and Practice," Living Standards Measurement Study Working Paper 133, Banco Mundial, Washington DC

Ravallion, M. (2004). "Issues in Measuring and Modeling Poverty" [Questões relativas à medição e modelação da pobreza]. *Jornal Económico, 106:1328-1343.*

Richards, P. (1985). Revolução Agrícola Indígena: Ecology and Food Production in West Africa. Longman, Londres.

Ruel, M.T ., J.L. Garratt, S.S. Morris, D. Maxwell, A. Oshaug, P. Engle, P. Menon, A.

Slack e ,L. Haddad, (1998). Desafios urbanos à segurança alimentar e nutricional: A review of food security health and care giving in cities. FCND Discussion paper no. 51. IFPRI.

Sengul, S. e Tuncer, I (2005). "Poverty Levelsand FoodDemandofthePoor in Turkey" [Níveis de Pobreza e Desenvolvimento Alimentar dos Pobres na Turquia]. *Agribusiness.* 21(3): 289-311.

Sen, A. K. (1983). "Poor Relatively Speaking", *Oxford Economics Papers 35.*

Thorpe, A., C. Reids, R. Van Anrooy e C. Brugere. (2004). Programas africanos de estratégia de redução da pobreza e o sector do sésamo: situação atual e oportunidades. Projeto do Banco Africano de Desenvolvimento financiado pelo Programa de Subsistência Sustentável da FAO para o Sésamo.

Tobor, J.G. (1985). *Produção e transformação de sésamo na Nigéria.* Instituto Nacional de Oceanografia e Investigação Marinha (NIOMR) Documento técnico n.º 22, pp 1-22.

Tsoho, B.A. (2005). "Economics ofTomato-based Cropping System under Small-scale Irrigation in Sokoto State, Nigeria". Tese de Mestrado não publicada, Departamento de Economia Agrícola e Gestão Agrícola, Universidade de Illorin, Nigéria. Pp76

Townsend, P. (2006). O que é a pobreza? Conceitos e medidas. *Revista do Centro Internacional de Pobreza (IPC) Poverty in Focus, SBS - Ed.*, 24.

Townsend, P.; Davidson, N. & Whitehead, M. (1992).The Black Report and the Health Divide:

Inequalities in Health (Desigualdades na Saúde) (2nd edn). London Penguin

Nações Unidas (2008). O desafio das alterações climáticas e da bioenergia. Documento apresentado na conferência de alto nível sobre Segurança Alimentar Mundial - Região Africana de Roma, Banco Mundial.

Usman, S. (2001). Discurso de abertura das actas da nona reunião interna do

Seminário Executivo do Banco Central da Nigéria sobre "Alívio da Pobreza, Uma Abordagem mais Pragmática". 39(4):73

CMI (2001). Echoes, Justice, Peace and Creation News Programme Unit 111 Publications Conselho Mundial de Igrejas, Genebra p. 2.

Walton M. (1990). Combater a pobreza: Experience and Prospect. Finanças e Desenvolvimento 27(3)

Banco Mundial (1990), Poverty: World Development Report 1990. Oxford University Press, Nova Iorque.

Banco Mundial (1993). **Poverty Reduction Handbook (Manual de Redução da Pobreza)**. Banco Mundial, Washington D.C.

Banco Mundial (1996). Nigéria: Poverty in the Midst of Plenty: The Challenge of Growth with Inclusion. A World Bank Poverty Assessment Report, Divisão de População e Recursos Humanos, Departamento da África Ocidental, Região Africana, Banco Mundial.

Banco Mundial (1997). "Nigeria Poverty in the Midst ofPlenty, the Challenge of Growth with Inclusion a World Bank Poverty Assessment Handbook Number 14733 UN.

Banco Mundial (2001). Relatório sobre o Desenvolvimento Mundial: Attacking Poverty, Banco Mundial, Washington D.C.

Banco Mundial (BM) (2008). Relatório sobre o Desenvolvimento Mundial 2008: Agricultura para o Desenvolvimento. Washington, DC: Banco Mundial.

Organização Mundial de Saúde (1984): "Biomass Fuel Combination and Health" Genebra, Organização Mundial de Saúde.

APÊNDICE 1

DEPARTAMENTO DE EXTENSÃO AGRÍCOLA E ECONÓMICA
FACULDADE DE AGRICULTURA
UNIVERSIDADE BAYERO, KANO

Caro inquirido,

Carta de apresentação

Sou estudante de pós-graduação da Faculdade de Agricultura da Universidade Bayero de Kano e estou a realizar uma investigação académica intitulada "**Análise *da situação de pobreza entre os pequenos agricultores rurais de gergelim no Estado de Jigawa, Nigéria"***. O trabalho de investigação destina-se estritamente a fins académicos e as informações recolhidas serão tratadas com a máxima confidencialidade e para nenhum outro fim que não o declarado.

A vossa cooperação favorável será muito apreciada.

Com os melhores cumprimentos,

Saifullahi Umar

SPS/11/MEX/000012

Variáveis socioeconómicas

Nome

(Opcional) ....

Cidade/Aldeia ....

LGA ....

1. Qual é a sua idade em anos? ....

2. Qual é o seu grupo etário: a) 21-30 anos ( ) b) 31-40 anos ( ) c) 41-50 anos ( ) d) 51-60 anos ( )

2. Qual é o seu género? Masculino☐ Feminino ☐

3. Qual é o seu estado civil? i) Solteiro☐ ii) Casado☐ iii) Divorciado☐ 4) Viúvo ☐

4. Qual é a dimensão total do seu agregado familiar? ---------- Homem adulto -----------

Mulher adulta

5. Qual das seguintes opções representa o seu grupo de dimensão do agregado familiar?

a)2-5( ) b)5-10( ) c) 10-15( ) d)15-20 ( )

6. Qual é a sua atividade profissional principal?

i) Agricultura☐ ii) Comércio☐ iii) Artesanato☐ iv) Outros, especificar ....

7. Qual é o seu nível de formação?

i) Nunca frequentou a escola☐ ii) Escola profissional☐ iii) Escola corânica☐

iv) Escola primária☐ v) Escola secundária☐ vi) Escola superior ☐

8. Quantos anos passas na escola? ....

9. Qual é a dimensão das vossas terras agrícolas em hectares? ....

Avaliação da situação da pobreza

a) Análise dos rendimentos e dos meios de subsistência

1. Quantos sacos de sésamo produzem anualmente? ....

2. Qual é o seu rendimento agrícola anual total? ....

3. Qual dos seguintes grupos considera ser o seu grupo de rendimentos?

a) 25 000-7500 ( ) b) 75001-125000 ( ) c) 12501-175000 ( ) d) 17501-22500 ( )

4. Quanto do seu rendimento agrícola anual total gasta em consumo de alimentos por mês?

....

5. Quanto é que gasta em comida por dia no seu agregado familiar? ....

6. Qual das seguintes opções representa o seu grupo de despesas alimentares diárias?

a) 200-400 ( ) b) 400-600 ( ) c) 600-800 ( ) d) 800-1200 ( )

6. Quantas pessoas vivem do seu rendimento? ....

7. Qual é a sua principal fonte de rendimento para além da agricultura?

i) Artesanato☐ ii) Oferta de mão de obra especializada☐ iii) Trabalho assalariado ☐ iii) Outros especificar ....

Análise da situação alimentar

1. Quantas vezes por dia é que a sua família come realmente?

a) Uma vez por dia ( ) b) Duas vezes por dia ( ) c) Três vezes por dia ( )

2. Quando a sua família come, satisfaz a sua fome? Sim ( ) Não ( )

3. Em caso afirmativo, até à próxima colheita em outubro, quantos meses é que a sua família comerá o suficiente para saciar a sua fome?

a)1-2meses ( ) b) 2-3 meses( ) c) 3-4mesesd)>4meses( )

4. Se não, como é que a sua família saciou a fome depois da última colheita?

a) 2 refeições quadradas por dia ( ) b) 1 refeição quadrada por dia ( ) c) Saltar refeições ( )

5. Que categoria de alimentos consome habitualmente?

i) Apenas hidratos de carbono☐ ii) Hidratos de carbono/proteínas vegetais☐ iii) Hidratos de carbono/vegetais☐ iv) Hidratos de carbono/proteínas animais ☐

6. Que produtos vegetais são habitualmente consumidos?

i) Arroz/Feijão☐ ii) Sorgo☐ iii) Painço☐ iv) Milho ☐

Análise da situação das infra-estruturas/recursos humanos/cuidados de saúde/abrigos

1) Tem acesso a um centro de saúde? Sim ( ) ou NÃO( )

2) Em caso afirmativo, qual é a distância entre o centro de saúde e a sua casa?

a) A curta distância ( ) b) Longe ( ) c) Muito longe

3. Tem acesso aos serviços de saúde? Sim ( ) Não ( )

4. Em caso negativo, qual é o principal desafio?

a) Custo muito elevado dos medicamentos ( ) b) Falta de pessoal ( ) c) Preparar a medicina tradicional ( )

5. Tem acesso a água potável na sua zona? Sim ( ) ou Não ( )

6. Em caso afirmativo, qual é a sua fonte de água?

i) Furo☐ ii) Poço☐ iii) Ria/rio☐ iv) Torneira ☐

7. Tem acesso à escola? Sim ou Não

8. Em caso afirmativo, a que distância fica a escola de sua casa?

a) muito perto b) longe c) muito longe

9. Há algum membro do seu agregado familiar a frequentar a escola? Sim ou Não

10. Em caso afirmativo, quantos membros do seu agregado familiar frequentam a escola? Homem .... Feminino ....

11. Quanto é que gasta com a educação dos membros do seu agregado familiar? ....

12. Qual é a natureza da sua habitação?

i) Casa de barro com cobertura de zinco ☐ ii) Casa de barro com cobertura de colmo ☐

iii) Casa de cimento com cobertura de zinco ☐ iv) Casa de colmo. ☐

13. Pertence a alguma associação? Sim ou Não

14. Em caso afirmativo, que associação?

i) Associação de agricultores ii) Associação de artesãos iii) Associação profissional

iv) Outros, especificar ....

15. Tem acesso a um serviço/agente de extensão? Sim ou Não

16. Se sim, quantas vezes se encontra com ele ou ela? ....

Estratégias de luta contra a pobreza

1. Quais são as estratégias de luta contra a pobreza que adopta?

i) Saltar refeições ☐

ii) Contratação de mão de obra assalariada ☐

iii) Diminuição da qualidade das refeições ☐

iv) Alimentação suplementar ☐

v) Consumo de alimentos menos preferidos ☐

vi) Pedir emprestado a amigos ☐

vii) Venda de alguns activos ☐

2. Que outras actividades geradoras de rendimentos fora da exploração agrícola desenvolve?

i) Comércio☐ ii) Artesanato☐ iii) Trabalho assalariado☐ iv) Caça☐ v) Pesca ☐

Desafios dos pequenos agricultores de gergelim

1. Quais são os desafios que enfrenta na cultura do sésamo?

i) Acesso limitado a sementes de qualidade ☐

ii) Preço elevado dos factores de produção ☐

iii) Escassez de mão de obra ☐

iv) Escassez de instrumentos de preparação das terras ☐

v) Capital de investimento limitado ☐

vi) Mercado deficiente/falta de informação sobre o mercado ☐

vii) Infestação de pragas ☐

viii) Murchamento após a germinação ☐

ix) Seca/Insuficiência de precipitação ☐

x) Outros, especificar ....

APÊNDICE 2

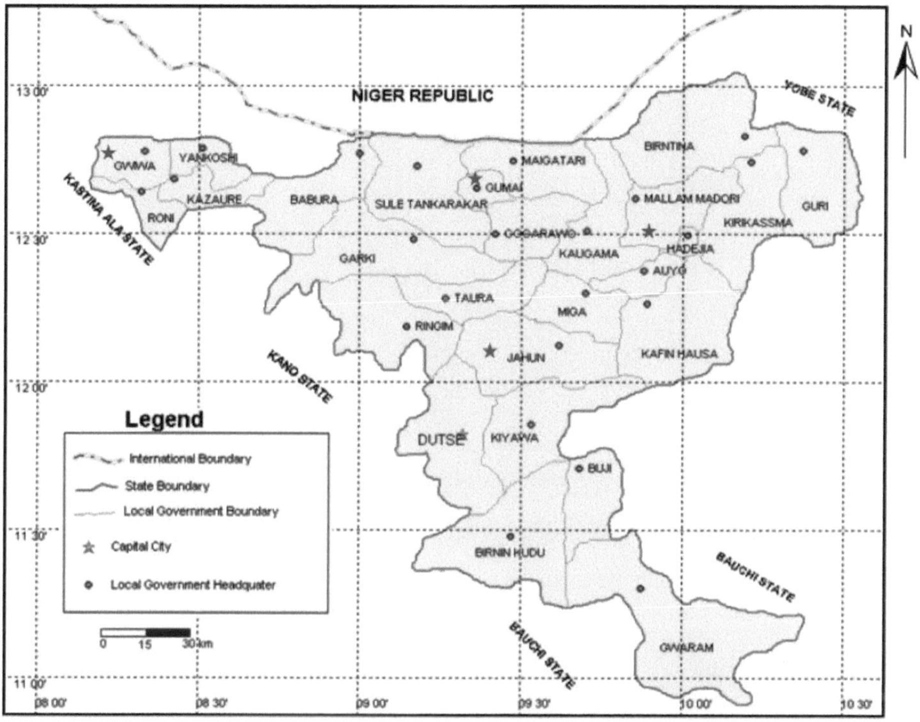

FIG. 1 MAP OF JIGAWA STATE SHOWING THE LOCAL GOVERNMENT AREAS
Source: Jigawa State Tourism Board (2011)

★ Selected Local Government Areas

MIX
Papier aus verantwortungsvollen Quellen
Paper from responsible sources
FSC® C105338

Printed by Books on Demand GmbH, Norderstedt / Germany